Prof. Dr. Harald Lesch

ASTROPHYSIK WELT-MODELLE

- **DAS UNIVERSUM, Teil 1**
  Der Anfang von allem
- **DAS UNIVERSUM, Teil 2**
  Dunkle Kräfte und Energien
- **DAS UNIVERSUM, Teil 3**
  Der Kreislauf der Materie

www.komplett-media.de

Druck und Bindung: Konrad Triltsch,
Print und digitale Medien GmbH, 97199 Ochsenfurt-Hohestadt
Satz: Pinsker Druck und Medien, Mainburg
Printed in Germany

Inhaltsverzeichnis

uni
auditorium

DAS UNIVERSUM

Der Anfang von allem

1

- Der Anfang von allem
- Die Explosion
- Der Urknall
- Die Materie entsteht

DER ANFANG VON ALLEM
Was war die Ursache für die Entstehung des Universums? Hier zeigen sich die Grenzen der physikalischen Fundamente. Nötig wäre eine Verschmelzung von Relativitätstheorie und Quantenmechanik. Aber wie?

DIE EXPLOSION
Zunächst war das Universum sehr klein, sehr dicht und sehr heiß. Aber dann fing es an, sich wie eine Explosion auszubreiten. Und doch auch wieder nicht. Wo hinein expandiert das Universum und was passierte, als es sich immer weiter ausdehnte und abkühlte?

DER URKNALL
Jetzt endlich sind die Kräfte da. Es beginnt sich etwas zu bilden: die Kerne von Wasserstoff- und Helium-Teilchen tauchen auf, die schon längst wieder ausgestorben sind. Eine Hierarchie der Wirkungen verändert das sich abkühlende Universum. Woher kamen die kleinen Abweichungen vom perfekten Urknall?

DIE MATERIE ENTSTEHT
Die Materie nabelt sich von der Strahlung ab. Die Atomkerne fangen die Elektronen ein. Das Universum ist so kalt geworden, dass sich hier und da Verdichtungen bilden, die Keime zukünftiger Galaxien. Woher kamen diese Keime und wieso ist das Universum heute so leer?

Der Anfang von allem

Der Anfang von allem ist der Anfang von allem, was es in der Welt gibt und damit auch der Anfang von der Welt selbst. Die Welt, so wie wir sie naturwissenschaftlich verstehen, besteht nicht nur aus diesem Planeten Erde, sondern aus der Milch-

straße, aus vielen Milchstraßen, aus Galaxienhaufen, letztendlich aus dem ganzen Universum. Eine der Urfragen der Naturwissenschaften ist: Hat das Universum einen Anfang gehabt?
Das ist eine Frage, die nicht nur die Naturwissenschaften stellen, sondern natürlich auch jede Religion. Was ist der Grund dafür, dass es überhaupt etwas gibt? War es Schöpfung? Also gab es etwas, wie immer man es nennen will, das diese Welt in ihre Existenz geworfen hat? Oder ist die Natur letztendlich etwas, was sich selbst erzeugt?
Jetzt gibt es ein Problem. Das gedankliche Problem nämlich, dass wir „Nein" sagen können. Genau das wird dazu führen, dass Sie immer wieder den Kopf schütteln werden, während ich Ihnen erzähle, was wir Physiker meinen, wie die Welt angefangen hat.
Wir reden davon, dass die Welt einen Anfang hatte, irgendwann. Sofort werden Sie sagen: „Na und, was war denn vor dem Anfang?"
Wenn man einen Anfang definiert hat, was war denn vor dem Anfang, den man definiert hat? Da muss doch etwas davor gewesen sein. Und das ist das Problem. Merken Sie es. Das Problem ist, dass man „Nein" sagen kann zu einer Aussage. Ich sage Ihnen, „die Welt hatte einen Anfang," Sie sagen, „nein, der Anfang war gar nicht der Anfang, es gibt einen anderen Anfang."
Achten Sie darauf, wenn wir jetzt über Kosmologie reden, also über die Entwicklung des gesamten Kosmos, dass man da leicht in eine Falle läuft. Aber fangen wir mal an.

Hubble und die Expansion des Universums

Wie ist man eigentlich auf die Idee gekommen, dass das Universum einen Anfang gehabt haben könnte? Das geht letztlich auf eine Beobachtung zurück, die in den 20er Jahren des 20. Jahrhunderts gemacht worden ist. Nämlich die Beobachtung, dass die Galaxien, also die Milchstraßen, diese Sterneninseln, hunderttausend Lichtjahre große Sterneninseln, dass die sich von unserer Milchstraße wegbewegen. Wir haben das gemessen. Man misst das Licht. Astronomie ist ja – wie soll man sagen – Lichtkunde, fortschrittliche Lichtkunde. Wir Astronomen machen nichts anderes als Ägyptologen auch tun. Ägyptologen lesen aus den Hieroglyphen etwas über das Leben der alten Ägypter. Wir Astronomen lesen aus dem Licht der Sterne etwas über das Leben der Sterne, über das Leben des Universums. Wir lesen aus dem Licht etwas heraus.

So hat auch Edwin Hubble aus dem Licht der Galaxien abgelesen, dass diese Galaxien sich von uns entfernen. Licht: Das elektromagnetische Spektrum reicht vom Radiobereich, das sind die besonders langen Wellen, bis hin zum Röntgenbereich, das sind die ganz kurzen Wellen. Wir Menschen können die elektromagnetischen Wellen im so genannten sichtbaren Bereich, also im optischen Licht sehen. Hubble hat mit einem Fernrohr optische Strahlung der Galaxien aufgenommen und in der Strahlung dieser Galaxien Spektrallinien gefunden. Das ist kein Wunder, denn das Licht der Galaxien kommt von Atomen, und die Atome sind aufgebaut aus Atomkernen. Um die Atomkerne herum laufen die Elektronen. Je nach dem, auf welchem Energieniveau diese Elektronen sind, geben sie die eine oder andere besondere Lichtsorte ab, die sich durch ihre Spektrallinien unterscheiden.

Wo diese Linien auftauchen, hängt auch davon ab, wie die Lichtquelle sich bewegt. Bewegt sie sich von uns weg, dann wird eine ursprünglich bei einer ganz bestimmten Frequenz vorhandene Spektrallinie zum Roten hin verschoben, also zu den langen Wellen. Bewegt sich eine Lichtquelle auf uns zu, dann wird sie ins Blaue, also zu den kürzeren Wellen verschoben.

Das kennt man auch von den Schallwellen. Das ist die berühmte Geschichte mit dem Feuerwehrwagen, der sich mit Blaulicht und vollem Tatütata auf uns zu bewegt: Der Ton

wird höher. Dann bewegt sich der Wagen von uns weg, und der Ton wird tiefer.
Genau das gleiche passiert bei Lichtwellen, wenn sich die Objekte, die Licht ausstrahlen, entsprechend bewegen. So konnte Hubble zeigen, dass Galaxien sich von unserer Milchstraße entfernen. Und zwar umso schneller, das war das Sensationelle, umso schneller, je weiter sie von uns entfernt sind.
Mit anderen Worten, man hat ein Bild vor Augen wie: Das Universum ist ein Teig. In diesem Teig sind lauter Rosinen. Nehmen wir einen Hefeteig, der auch noch aufgeht. Dann kann man messen, dass die Rosinen sich am schnellsten voneinander entfernen, die am weitesten voneinander entfernt sind.
Also, was man damit zeigen kann, und was Hubble in den 20er Jahren des 20.Jahrhunderts feststellte, war, dass das Universum expandiert.

Das Raum-Meer

Wie bei jeder Bewegung, die man vorwärts und rückwärts denken kann - der Wagen ist jetzt hier, also war er vorher da – lässt sich folgern, dass das Universum expandiert, jetzt und heute.
Wenn ich sehe, dass alles von mir wegfliegt, dann muss es früher kleiner gewesen sein, dann ist möglicher Weise die ganze Materie, die es jemals in diesem Universum gegeben hat, irgendwann mal in einem Punkt konzentriert gewesen.
Wichtig ist jetzt: Edwin Hubble hat nicht nur festgestellt, dass das Universum expandiert, sondern er hat auch noch festgestellt, dass diese Expansion überall gleichförmig ist. Egal, wo man hinguckt am Himmel.
Je weiter die Galaxien von uns entfernt sind, umso schneller entfernen sie sich. Das hat er in den 1920er Jahren festgestellt und danach sind immer mehr und mehr, immer bessere Beobachtungen gemacht worden.

Seitdem spricht man von einem expandierenden Universum, wobei - Achtung, aufgemerkt - nicht die Galaxien expandieren oder der Planet Erde oder sonst was, sondern das einzige, was expandiert, was sich ausbreitet, ist der Raum.
Auf diesem „Raum-Meer“ bewegen sich die Galaxien wie Schiffe. Die werden einfach davon getrieben.
Wenn wir eine Galaxie beobachten, die eine Entfernungs-Geschwindigkeit von knapp 300.000 Kilometer pro Sekunde hat, fällt Ihnen etwas auf: Das ist ganz nah an der Lichtgeschwindigkeit. Dann würde man natürlich sofort sagen: Moment mal, nichts kann sich schneller bewegen als Licht. Das aber merkt die Galaxie gar nicht. Das einzige, was sich ausbreitet, ist der Raum, sonst nichts.
Das Entscheidende ist, dass Sie mitgekriegt haben, dass mit einem optischen Teleskop die Entdeckung von Objekten, die sehr weit von uns entfernt sind, zu dem Gedanken geführt hat, dass das Universum einen Anfang gehabt haben muss. Die Expansion des Universums, die Ausbreitung von Galaxien innerhalb des für uns sichtbaren Universums, hat sofort und auf sehr klare Weise zu diesem Gedanken geführt. Das ist das Zusammenwirken von Kosmologie und gesundem Menschenverstand.
Sie werden an anderen Stellen merken, dass das möglicher Weise nichts miteinander zu tun hat, aber hier hat es etwas miteinander zu tun, weil man sich die Expansion des Universums so vorstellt wie eine gewaltige Explosion. Wobei das gedankliche Schwierigkeiten ergibt.
Haben Sie schon einmal gesehen, dass zum Beispiel bei einer Explosion von einer Bombe spontan eine Tasse aus Meissner Porzellan entsteht? Natürlich nicht. Aber genau so etwas sehen wir im Universum.

Die Zeit, die es nicht gab

Wenn Sie abends zum Himmel blicken, sehen Sie Sterne. Wenn Sie aber genauer hinsehen, mit Beobachtungsinstrumenten, dann sehen Sie einen riesigen, leeren Raum. In diesem riesigen, leeren Raum gibt es hier und dort immer mal wieder eine Sterneninsel. Und je weiter Sie rausschauen, umso weniger Sterneninseln sehen Sie noch. Aber Sie sehen immer noch riesige, große Leerräume. Da ist nichts. An den Rändern dieser Leerräume ist die Materie angesammelt. Komisch, das sollte eigentlich nicht sein. Bei einer ordentlichen Explosion müsste eigentlich alles gleichmäßig verteilt sein. So ist es aber nicht.

Also zurück zur Expansion. Die Expansion des Universums führt sofort zu dem Gedanken, dass das ganze einen Anfang gehabt hat, dass der Anfang von allem irgendetwas gewesen ist.

Dieser Gedanke war eine Revolution in der Astronomie, denn bis dahin hatte man gedacht, das Universum sei ewig, war immer schon da. Immer. Es gab keinen Anfang. Man hat sich darüber keine Gedanken gemacht.

Die Geschichte der Astronomie ist erst mal die Geschichte des Sonnensystems. Ist die Erde nun der Mittelpunkt der Welt? Oder ist die Sonne der Mittelpunkt der Welt?

Die Frage hat sich relativ schnell erledigt. Da hat man erst einmal gemerkt, die Erde ist nicht im Mittelpunkt. Man hat gedacht, die Sonne ist im Mittelpunkt, ist sie aber nicht. Die Sonne ist einer von vielen Sternen in der Milchstraße. Die Milchstraße ist ein Gebilde aus 100 Milliarden Sternen. Da scheint die Sonne also auch nichts Besonderes zu sein. Kurz bevor Hubble die Expansion des Universums feststellte, hat man also zum ersten Mal erkannt, dass es noch andere Galaxien gibt. Das ist noch nicht so lange bekannt. Man dachte ja ursprünglich, die anderen Galaxien seien Gasnebel, die zu unserer Milchstraße gehören. Man wusste von den anderen Galaxien erst kurz bevor Hubble die Expansion des Universums entdeckte. Das ging also Hand in Hand. Die Beobachtungsmöglichkeiten wurden besser und besser. So passierte etwas Tolles, nämlich, dass zum ersten Mal der Gedanke in den Naturwissenschaften auftauchte, dass das Universum einen Anfang hatte. Dass es also etwa gab, einen Akt gab, der dieses Universum in seine Existenz geworfen hat. Damit entsteht natürlich auch ein Riesenproblem für die Naturwissenschaft. Aufgrund der logischen Struktur unseres Gehirns können wir die Frage stellen, was war davor? Was war vor diesem Anfang?

Aus der Beobachtung, dass das Universum expandiert findet man eine fundamentale Erkenntnis über den Anfang des Universums und damit auch über die Begrenzung der Möglichkeiten von naturwissenschaftlicher Beschreibung. Die Physik als Grundlage für die Astronomie kann keine beliebigen Fragen beantworten, zum Beispiel, was vor dem Urknall gewesen ist? Oder dem Beginn?

Ich habe jetzt das Wort „Urknall" schon verwendet, weil das die Standardtheorie für den Beginn ist. Was vor dem Anfang des Universums gewesen ist, können wir nicht wissen. Warum? Weil wir Kausalitäts-Junkies sind. Wir sind darauf angewiesen, zwischen Ursache und Wirkung Unterschiede zu finden.

Wenn wir irgendetwas in der Welt beobachten und wir interessieren uns für die Welt, dann wollen wir aus einer Wirkung eine Ursache erkennen. Also, zuerst kommt die Ursache, dann kommt die Wirkung. So muss es natürlich am Anfang des Universums auch gewesen sein. Es muss einen Ursache-Wirkungs-Zusammenhang gegeben haben. Was aber war die Ursache für den Anfang des Universums? Das konnte man nicht wissen. Irgendwann, wenn wir den Anfang des Universums festlegen, können wir über die Ursachen, die davor waren, nichts mehr aussagen. Wenn es eine erste Ursache gegeben haben muss, nämlich den Anfang des Universums, dann können wir natürlich eine Ursache für die erste Ursache nicht wissen. Die „nullte Ursache" oder so, was soll das sein? Das heißt, wir haben hier eine echte Beschreibungsgrenze. Hier geht es nicht weiter. Physikalische Theorien werden über „die Zeit vor dem Anfang“ nichts sagen können. Warum nicht? Weil es keine Zeit gibt, davor. Es gibt nichts davor, gar nichts.

Das ist ein bisschen so wie mit der eigenen Existenz. Wir sind seit unserer Geburt da. Wir könnten jetzt ganz kleinlich sagen, wir sind da, seit sich die Samenzelle und die Eizelle unserer Eltern verschmolzen haben. Aber davor gab es uns nicht. Vor dem „Akt“ gab es uns nicht. Wir waren im Bereich der Möglichkeiten, wir waren noch keine Wirklichkeit. Das ist der große Unterschied. Wir können in den Naturwissenschaften nur Dinge bis zu einem bestimmten Punkt beschreiben.

Eine dieser Grenzen, eine dieser fundamentalen Grenzen der Beschreibungsfähigkeit ist der Anfang des Universums. Davor kommen wir nicht.

Noch einmal, zum Abrunden dieser Vorstellung, das war jetzt ein bisschen Philosophie und Physik zusammen: Die Entdeckung der Expansion des Universums führte die Menschen auf dem Planeten Erde zu der Idee, dass das Universum einen Anfang gehabt haben muss und nicht schon ewig war. Es muss Gründe dafür geben, dass sich das Universum als eine große materielle Struktur, in der es Galaxien, Sterne, Planeten und manchmal auch Lebewesen gibt, in seine Existenz geworfen hat. Es muss richtige physikalische, innerphysikalische Gründe geben. Kosmologie ist immer Innenarchitektur des Kosmos. Die Kosmologie kann keine Aussage machen über die Dinge vor dem Kosmos oder außerhalb des Kosmos.

Denn seien wir doch mal ehrlich, Expansion bedeutet doch immer auch automatisch die Frage, wo hinein expandiert denn das Universum? Nicht nur der Anfang, sondern auch wo hinein? Aber darüber wissen wir genau so wenig, wie über die Zeit vor dem Anfang des Universums, über die Zeit, die es gar nicht gab.

Relativitätstheorie

Das Universum hatte einen Anfang, gut, aber mit so einer Aussage gibt man sich als Physiker natürlich nicht zufrieden. Man möchte gerne wissen, ob man physikalische Prinzipien dazu erdenken und berechnen kann, mit denen sich ein solcher Anfang des Universums in irgendeiner Art und Weise qualitativ darstellen lässt? Qualitativ heißt mit anderen Worten, man kann etwas rechnen.
Physik lebt ja sehr stark vom Berechnen, und die Kosmologie als Physik des Gesamtuniversums verlangt natürlich schon eine besondere Art der Berechnung, nämlich eine Berechnung von Eigenschaften, die sozusagen „All-Eigenschaften" sind.
Gehen wir einmal gedanklich zurück und stellen uns vor, das Universum wird immer kleiner und kleiner. Wir lassen erst mal die gesamte Materie so, wie sie ist.
Was passiert, wenn man Materie, also Gas - Sterne sind ja Gasbälle - wenn man Gas zusammendrückt? Genau, es wird heißer. Wenn also das Volumen des Universums schrumpft, dann wird das Universum immer heißer und heißer. So weit, so gut.
Ich muss jetzt erst noch über etwas sprechen, das mit dem Universum, mit der Entwicklung des Universums so direkt nichts zu tun hat, aber mit der Methodik. Ich muss über eine Theorie sprechen, die dabei ganz wichtig ist, nämlich die „Relativitätstheorie".
Wenn ich hier über Physik spreche, über die Physik des Universums, dann mache ich eine Annahme. Die Annahme ist, dass die Naturgesetze, die wir hier auf der Erde entdeckt haben, irgendwie, sei es durch Experimente oder durch Beobachtung, dass diese Naturgesetze immer und überall im Universum gleich gültig sind. Nicht gleichgültig, sondern gleich gültig. Immer und überall.
Das hat Konsequenzen, das bedeutet nämlich, dass wir tatsächlich etwas lernen können, wenn wir Informationen

mittels elektromagnetischer Strahlung aus irgendeinem Teil des Universums bekommen. Dann können wir aus dieser elektromagnetischen Strahlung Eigenschaften ableiten, die wir mit dem Material oder mit den Vorgängen, die wir von der Erde kennen, vergleichen können.

Der Grund dafür, dass wir überhaupt Astronomie betreiben können, liegt darin, dass wir glauben, die Hypothese stimmt, dass die Naturgesetze überall im Universum die gleichen sind. Namentlich auch, wenn es darum geht, was eigentlich passiert, wenn Material sehr heiß wird? Wahnsinnig heiß. Über alle Maßen heiß. Unglaublich heiß. Was passiert dann?

Die Relativitätstheorie, und in diesem Fall brauchen wir nur die so genannte „spezielle Relativitätstheorie". Sie macht Aussagen darüber, was mit Teilchen und Systemen passiert, die sich mit annähernder Lichtgeschwindigkeit bewegen. Was passiert dann? Dabei stellt sich heraus, dass es Temperaturen gibt, die der Lichtgeschwindigkeit entsprechen.

Zum Beispiel ist die Temperatur in einem beheizten Raum deutlich höher als die Temperatur zur gleichen Zeit auf einem Gletscher. Das bedeutet für die Teilchen, die in der Luft sind, dass sie völlig unterschiedliche Geschwindigkeiten haben. Hohe Temperaturen bedeuten hohe Geschwindigkeiten, niedrige Temperaturen bedeuten niedrige Geschwindigkeiten.

Es hängt natürlich auch davon ab, wie schwer die Teilchen sind. Reden wir über Protonen oder reden wir über die viel leichteren Elektronen? Die Elektronen werden viel schneller „relativistisch," weil sie leichter sind. Sie können sich schneller bewegen als die schweren Protonen. Protonen sind immerhin fast 2000 Mal schwerer als Elektronen. Elektronen werden „relativistisch" bei einer Temperatur von, sagen wir mal grob, 10 Milliarden Grad. Das kann man sich gar nicht mehr vorstellen.

Wenn Sie einmal eine Ahnung haben wollen, wie heiß das ist, dann blicken Sie einfach mal in den Ofen eines Glasblä-

sers. Der hat so 1.000, vielleicht 1.200 Grad Celsius. Da merken Sie, dass das unglaublich heiß ist. Es ist schon so heiß und so hell, dass Sie kaum etwas erkennen können. Es ist einfach nur hell. Stellen Sie sich das einfach noch 10 Millionen Mal heißer vor, dann haben Sie 10 Milliarden Grad. Elektronen werden also bei 10 Milliarden Grad relativistisch. Man könnte es auch anders herum sagen: Wenn das Universum 10 Milliarden Grad heiß ist, dann müssen wir anders überlegen.
Wir gehen jetzt gedanklich zurück. Am Anfang muss es wahnsinnig heiß gewesen sein, wie heiß, werden wir noch sehen. Das Universum ist expandiert, kühlte sich ab, immer weiter ab. Merken Sie den Unterschied?
Wir sind jetzt gedanklich einen anderen Weg gegangen. Wir sind von heute - das Universum ist relativ kalt - in diese Frühzeit zurückgegangen. Das Universum wird immer heißer und heißer und heißer, und wir kommen immer näher an den Anfang heran. Das heißt, wir reden über ein heißes Urknallmodell, darauf will ich eigentlich hinaus.

Quantenmechanik

Ich habe Ihnen eben schon die „Quantenmechanik“ unter die Großhirnrinde gejubelt. Das haben Sie vielleicht nicht gemerkt. Ich habe das getan, indem ich von Protonen und Elektronen gesprochen habe. Das sind ja schon Quantensysteme.
Wir brauchen also zwei Theorien, die Quantenmechanik einerseits und die Relativitätstheorie andererseits. Damit kann man den „Anfangsbeginn,“ den Beginn des Anfangs, des Urknalls genau berechnen. Es geht tatsächlich. Und zwar unter der Maßgabe, dass man eine Ursache von einer Wirkung trennen kann.
Die Relativitätstheorie gibt dazu eine ganz klare Aussage vor: Wenn ein Körper so stark verdichtet worden ist, dass von ihm nichts mehr entweichen kann, noch nicht einmal mehr

Licht, dann weiß man nicht, was da drinnen passiert. Das ist eine Längenskala, die kann nicht unterschritten werden.
Zum Beispiel für unsere Sonne, die hat heute einen Radius von 700.000 Kilometern. Würde man die gesamte Masse der Sonne auf eine Kugel zusammen pressen, die einen Radius von drei Kilometern hat, dann kann man ein „Schwarzes Loch" erzeugen. Und aus einem Schwarzen Loch kommt nichts mehr heraus, auch keine Information. Das heißt, ich kann nichts mehr darüber wissen. Würde sich also das Universum auf ein Volumen zusammenschmelzen, das dem schwarzen Loch entspräche, dann könnte ich nichts mehr darüber wissen. Aber ich will ja etwas wissen. Also kann es nicht kleiner sein als dieses Schwarze Loch. Das ist die eine Seite.
Die andere Seite. Die Quantenmechanik sagt: In der quantenmechanischen Welt ist es nicht möglich, ganz genau zu wissen, wo etwas ist. Jede Messung ist immer mit einem sehr großen Fehler behaftet. Der Fehler wird umso größer, je genauer ich hinsehe. Das heißt, das Universum wird ab irgendeiner Kleinheit anfangen, diesen „quantenmechanischen Schwabbeleffekt" zu haben. Ich weiß dann nicht mehr, wo ich bin.
Diese beiden Längenskalen, nämlich die feste Länge, die die Relativitätstheorie vorgibt, wenn ich die Masse kenne, und dieses Wellenverhalten, dieses Schwabbelverhalten des frühen Universums, das kann man zusammenbauen. Dabei entsteht eine wohl definierte physikalische Welt. Die kleinste vom Ursache-Wirkungs-Prinzip getragene Struktur im Universum. Und die ist sehr klein.
Das Universum war am Anfang 10^{-33} Zentimeter klein. Es hatte eine Temperatur von 10^{32} Grad Celsius. Die erste Zeit, die es im Universum sinnvoll gegeben haben kann, waren fünf mal 10^{-44} Sekunden. Das ist doch Wahnsinn, das ist doch absurd, oder?
Jetzt dran bleiben, ich erkläre es. Das sind die Anfangsparameter des Universums. Wir haben nichts anderes ge-

macht, als die Theorien, von denen wir wissen, dass sie zumindest nicht völlig blödsinnig sein können, angewendet. Die digitale Elektronik, Computer das ist alles Quantenmechanik. Die Relativitätstheorie wird beim GPS verwendet. Diese Theorien sind das Fundament der modernen Physik. Mit Hilfe dieser beiden Theorien lässt sich der Anfang des Universums festhalten. Ein heißer Anfang. Das Universum expandierte aus diesem winzig kleinen Anfang und wurde immer größer, immer kälter. Am Anfang war das Universum ein einziger Energiebrei. Und der Energiebrei war sehr heiß. Er war im Grunde völlig langweilig. Er war unvorstellbar. Was soll man anfangen mit solchen Zahlen? Die sind jenseits unserer Vorstellungskraft. Also in diesem Sinne sind sie jenseits von Gut und Böse. Wir können aber aufgrund der physikalischen Theorien einen wohl definierten, physikalischen Anfang setzen. Ein heißer Urknall - das war der Anfang des Universums. So denkt man also als Physiker zurück in der Zeit, bis an den Anfang der Zeit.
Jetzt will ich Sie noch mit einem einzigen Gedanken vertraut machen. Ich weiß nicht, ob es Ihnen aufgefallen ist? Wir können keine Aussage machen über die Ausdehnung des Universums von Null Zentimetern. Keine Chance. Unser Universum hatte schon einen Anfang, bevor es einen Anfang hatte. Aber über diesen Anfang können wir nichts sagen. Wir können erst beginnen bei 10^{-33} Zentimetern. Wir können auch nichts darüber aussagen, wie die Welt war, als die Zeit sozusagen losging, also bei Null Sekunden. Bei uns beginnt die Uhr erst bei fünf Mal 10^{-44}. Hier ist eine ganz klare Begrenzung. Nach vorne aber, als die Zeit endlich losgelaufen war, da können wir die ganze Geschichte des Universums erzählen, zum Beispiel, wie die Materie entstanden ist.

Der Urknall

Das Universum ist ja zunächst mal nichts anderes als ein Energiebrei gewesen. 10^{32} Grad, das war die Anfangstemperatur. Aber bei dieser Temperatur gibt es keine Teilchen, da gibt es gar nichts. Da gibt es nur Strahlung, sonst nichts. Jetzt bin ich ja da. Also zumindest bilde ich mir das ein. Man merkt auch, dass was da ist. Den Leuten, die der Meinung sind, es gäbe nichts, es sei alles nur Einbildung, sage ich immer, sie sollen sich doch einmal vor eine Horde wild gewordener Nashörner setzen. Dann können Sie sich immer noch entscheiden. Aber Spaß beiseite.
Offenbar ist ja etwas da. Die Tatsache, dass wir denken, bedeutet, es gibt eine materielle Grundlage für den Gedanken. Das ist schon mal ganz sicher. Mit anderen Worten, es gibt irgendwelches „Zeugs," so wollen wir es zunächst nennen.

Die griechischen Naturphilosophen brachten das Wort „atomos", die unteilbaren Teilchen in die Welt. Und wir wissen heute: Wir bestehen tatsächlich aus Atomen.
Woher kommen die Atome? Wir wissen heute, dass die Atome aus Atomkernen und Elektronen bestehen. Die Atomkerne bestehen ihrerseits aus Protonen und Neutronen. Die Protonen sind positiv geladen, die Neutronen sind gar nicht geladen, elektrische Ladung Null. Der positiv geladene Atomkern wird umkreist von negativ geladenen Elektronen. Das wissen wir heute alles.
Woher kommen aber diese ganzen Teilchen? Wie kommt das überhaupt, dass überhaupt etwas ist? Ich meine, der Anfangszustand des Universums war Energie. Es war heiß. Aus. Wieso gibt es überhaupt irgendwelche Form von Materie? Und wenn es Materie gibt, warum gibt es ausgerechnet die Form von Materie, die davon noch übrig geblieben ist. Also so etwas wie Sie und ich? Ganz zu schweigen von der Frage, woher kommen eigentlich die verschiedenen Elemente? Das ist ein weites Feld.

Um zu verstehen, was sich im ganz frühen Kosmos, als das Universum anfing, sich auszubreiten und abzukühlen, ereignete, muss man einen Moment gedanklich inne halten und sich die Frage stellen: Wie entsteht denn überhaupt Materie? Bevor Sie jetzt lange nachdenken, die Antwort auf die Frage lautet: „ Das weiß kein Mensch."
Keiner weiß, woher die Masse eigentlich kommt, die Masse der Teilchen. Wieso ist das Proton so viel schwerer als das Elektron, obwohl es die gleiche Menge an Ladung trägt? Wieso ist das Neutron dankenswerter Weise schwerer als das Proton, wie Sie noch sehen werden. Wie kommt das alles zustande? Wir wissen es nicht. Dafür fehlt uns tatsächlich die richtige Theorie. Wir haben diese Theorie noch nicht. Und möglicher Weise werden wir sie auch nie kriegen.
Das Merkmal einer Theorie ist, dass man sie testen kann, dass man sie überprüfen kann. Nicht, ob sie wahr ist, das können wir sowieso nicht. Aber wenigstens herauszufinden, ob sie nicht falsch ist. Sie muss eine Vorhersage machen und diese Vorhersage, die muss überprüfbar sein.
So ist zum Beispiel die Urknalltheorie eine sehr gute Theorie, weil sie Vorhersagen macht. Welche werden wir noch sehen. Aber sie macht Vorhersagen, und ich kann Ihnen schon mal verraten, sie macht Vorhersagen, die alle bestätigt worden sind.
Aber der Anfang, der ganz klare Anfang und die Entstehung der Materie aus dem Energiebrei heraus, das ist etwas, was sich nicht so leicht im Labor untersuchen lässt. Denn da würde man versuchen, die Anfänge des Universums im Experiment darzustellen. Das kann man nicht machen.
Das Universum breitete sich also aus. Als es eine gewisse, kritische Temperatur unterschritt, weil es sich ja ausbreitete und abkühlte, da entstanden die Teilchen. Die Teilchen entstanden, weil es gewisse, winzige Abweichungen vom Gleichgewicht gegeben hat. Um es genauer zu sagen, Abweichungen von der Symmetrie.
Der Anfangszustand des Universums war völlig symme-

trisch. Egal in welche Richtung, es war alles gleich: Gleiche Dichte, gleiche Temperatur. Es war alles gleich, weil alles Strahlung war. Wenn es keine Abweichung von der Symmetrie gegeben hätte, dann würde es uns nicht geben. Denn die Einsteinsche Relativitätstheorie sagt: $E=mc^2$. C^2 ist die Lichtgeschwindigkeit zum Quadrat. Die Strahlungsenergie des Universums entspricht jeweils einer Masse. Und solange alles symmetrisch ist, sobald also Masse und Energie sozusagen vollständig symmetrisch ineinander umwandelbar sind, entsteht aus Strahlung Masse, nämlich ein Teilchen, zum Beispiel ein Elektron. Aber denken Sie daran: strahlungsungeladen. Also entsteht auch ein Antiteilchen, ein Positron.

Ein Teilchen und sein Antiteilchen, was machen sie, wenn sie zu nahe aneinander geraten? Sie erzeugen Strahlung. Aus Teilchen und Antiteilchen, also aus Materie und Antimaterie wird wieder Strahlung. So könnte man also sagen, Energie wird Masse und Masse wird Energie. Masse ist geronnene Energie. Aus.

Was übrig bleibt

Wieso ist überhaupt etwas übrig geblieben? Es gibt nämlich so gut wie keine Antimaterie im Kosmos. Jetzt kommt's. Das ist ein Hammer!

Es gibt eine winzig kleine Abweichung von der Symmetrie. 5 Milliarden Teilchen finden 5 Milliarden Antiteilchen und erzeugen Strahlung. Und ein Teilchen von 5 Milliarden Teilchen ist damals übrig geblieben und hat kein Antiteilchen gefunden. Daraus, aus diesem winzig kleinen Überrest, dieser winzig kleinen Abweichung von 1 zu 5 Milliarden ist alle Materie entstanden, die im Kosmos vorhanden ist.

Noch einmal. In einem völlig symmetrischen Kosmos, wo alles gleich gewesen wäre am Anfang, würden wir uns überhaupt keine Gedanken darüber machen können, denn es gäbe uns gar nicht. Es gäbe überhaupt keine Struktur, weil

Strahlung Strahlung geblieben wäre. Ende. Nichts sonst. Nur eine winzig kleine Asymmetrie am Anfang hat es überhaupt möglich gemacht, dass Materie im Universum entstehen konnte.

Jetzt muss man sich den gesamten Entwicklungsprozess des Universums, des frühen Universums, so vorstellen wie einen gewaltigen Kristallisationsprozess. So wie Wasser an kalten Oberflächen gefriert und kristallisiert, so haben sich die Teilchenarten im frühen Universum je nach ihrer Masse herauskristallisiert. Aus dem gleichförmigen heißen Universum wurde eine riesige Veranstaltung verschiedener Kräfte, die mit der absinkenden Temperatur entstanden sind. Und mit jeder Kraft entstanden neue Teilchensorten.

So entstanden zum Beispiel die Quarks. Die Quarks sind die Unterteilchen der Protonen und Neutronen. So entstanden die Elektronen. So entstanden noch viele andere Teilchen, die man heute im Prinzip in zwei Teilchen-Familien unterteilen kann.

Es gibt die Quarks und die Leptonen.

Die Quarks, die Up-Quarks und die Down-Quarks sind Teilchen, die Protonen und Neutronen aufbauen. Es gibt noch vier andere Quark-Arten, von denen wir nicht genau wissen, für was sie eigentlich gut sind, weil sie in der heutigen Materie, die uns so umgibt, nicht existieren. Man kann sie aber im Labor erzeugen. Man kann im Labor, dadurch, dass man Teilchen aufeinander schießt, sehr hohe Energien erzeugen, so dass man fast auf eine Billiardste Sekunde an den Urknall herankommt.

Wenn man Teilchen mit hoher Geschwindigkeit aufeinander schießt, erreicht man sehr hohe Temperaturen. Dabei entstanden tatsächlich im Laufe der letzten Jahrzehnte die von der Theorie vorhergesagten sechs verschiedenen Quarks.

Da ist zum Beispiel ein Quark, das Top-Quark, das ist fast so schwer wie ein Goldatom, aber es ist praktisch nur ein Punkt. Kein Mensch weiß, wie das zustande kommt. Wieso das überhaupt da ist. Es muss da sein. Es gab eine Vorhersage, eine Theorie und die ist bestätigt worden. Aber mehr auch nicht.

Die erste Nukleosynthese

Zurück zu unserem anfänglichen Universum. Das Universum war am Anfang sehr heiß und je weiter es abkühlte, umso mehr von diesen Teilchen-Familien erschienen, die nicht mehr in Strahlung verwandelt wurden. Das Universum kristallisierte aus. Es entfaltete sich wie eine große Blume. Und es entstanden Kräfte. Die unterschiedlichen Kräfte. Vor allem die unterschiedlichen Stärken dieser Kräfte bewirkten, dass das Universum so ist, wie es ist. Noch haben wir keine Atome. Wir haben bis jetzt nur Einzelteilchen, nämlich Elektronen, die negativ geladenen Teilchen und die Quarks.
In der Frühphase des Universums, als das Universum etwa eine Trillion Grad Celsius heiß war – mit Grad zu hantieren, ist nicht wirklich interessant, aber hin und wieder möchte ich doch mal eine Zahl nennen können – als also das Universum so eine Trillion Grad hatte, entstanden langsam die ersten so genannten Kernbausteine, also Protonen und Neutronen.
Die Neutronen sind instabil, solange sie frei sind, also nicht in einem Atomkern gebunden. Sie haben eine Zerfallszeit von 878,22 Sekunden, das ist glaube ich der neueste Wert. 878 Sekunden, für die 22 würde ich mich nicht verbürgen. Das heißt, wenn wir jetzt Atomkerne bauen wollen, dann müssen wir uns beeilen. Atomkerne bestehen ja nicht nur aus Protonen, nur ein Atomkern besteht aus einem Proton, nämlich Wasserstoff. Helium hat aber schon zwei Protonen und zwei Neutronen. 878 Sekunden später ist schon die Hälfte meiner Neutronen zerfallen. In was? In Elektronen, Protonen und noch in andere Teilchen, die uns jetzt nicht interessieren.
Ich habe gar nicht so viel Zeit, Atome am Anfang des Universums zu bauen.

Ein paar Minuten und die Sache ist gelaufen. Während dessen breitet sich das Universum weiter aus, und es wird immer kälter.
Jetzt müssen wir aufpassen. Wenn das Universum sich zu schnell ausbreitet, dann kriegen wir keine Atome zusammen. Nichts. Keine Chance. Wenn das Neutron zu schnell zerfällt, kriegen wir auch keine Atome. Ich bin ganz aufgeregt, es muss jetzt schnell gehen.
In den Frühphasen war es wichtig, dass das Neutron nicht zu schnell zerfällt, sonst hätte man keine Atomkerne bauen können. Aber das Universum durfte auch nicht zu schnell expandieren. Diese beiden Prozesse, die mussten sich irgendwie ausbalancieren.
Jetzt muss ich aufpassen, dass ich mich nicht dumm und dusselig staune an der Stelle, denn, meine Güte, wenn das Universum andere Eigenschaften hätte, dann würde es uns einfach nicht geben. Ich sage immer, man soll sich nicht darüber wundern, dass die Katze da die Löcher im Fell hat, wo sie ihre Augen hat. Das ist klar. Aber man kann sich schon mal Gedanken darüber machen: Wie wäre die Welt, wenn sie anders wäre, als sie heute ist? Dann stellt man fest, dass alles sehr fein aufeinander abgestimmt ist.
Zurück zu unseren Neutronen und Protonen. Am Anfang, also ungefähr nach einer Minute, entstanden also tatsächlich die Nukleonenbausteine, die Kernbausteine, die Protonen und Neutronen. Jetzt haben wir zwei Möglichkeiten. Es könnte jetzt zur „primordialen Nukleosynthese" kommen. „Nukleosynthese" ist der Aufbau von Kernen, von Atomkernen. Und „primordial" heißt „ursprünglich." Die andere Nukleosynthese, die geschieht später in den Sternen, Jahr Millionen später.
Wir sind aber noch am Anfang des Universums, und da werden tatsächlich die ersten beiden Elemente des Periodensystems der Elemente aufgebaut, nämlich Wasserstoff und Helium.
Helium hat zwei Protonen und zwei Neutronen. Okay. Wir

müssen also einen Kern zusammenbauen, der irgendwie
a) Neutronen einfängt, sonst sind die ja zerfallen,
b) aber auch noch zwei Protonen zusammenhält.

Zwei Protonen sind allerdings ein Problem. Zwei Protonen, die beide jeweils positiv geladen sind. Gleichnamige Ladungen stoßen sich ab. Das ist ein Problem. Will man einen Atomkern erzeugen, dann muss es eine Kraft geben, die stärker ist als die Abstoßung der beiden gleichnamigen Ladungen. Es sind also mindestens zwei Kräfte im Spiel. Einmal die elektrostatische Abstoßung dieser beiden Ladungen, und auf der anderen Seite eine Kraft, die diesen Kern zusammenhält.

Man muss sich einmal klarmachen, wie winzig ein Atomkern ist.

Also, das Atom, das Wasserstoffatom ist so groß wie ein Bundesliga-Stadion. Das Elektron auf seiner innersten Bahn, auf seinem innersten Energie-Niveau ist der äußerste Tribünenrang. Dann ist ein Atomkern so groß wie ein Reiskorn am Anstoßkreis. Das ist ein sehr, sehr kleines Ding, aber es hat 99,9 Prozent der Masse des Atoms. Da steckt alles drin.

Es muss also gelingen, in der Frühphase des Universums Protonen so nahe zusammen zu zwingen, dass sie für einen winzigen Moment tatsächlich zusammenhalten. Und dann muss sich das eine Proton in ein Neutron verwandeln. Dann hat man einen Proton-Neutron-Kern, einen Deuteriumkern, ein Wasserstoffisotop. So muss es passieren. Genau so.

Die Verschmelzung von zwei Wasserstoffisotopen führt dann zum Helium. Helium: Zwei Protonen, zwei Neutronen, das konnte noch entstehen. Und die Urknalltheorie, das ist das Tolle, hat eine Vorhersage gemacht. Sie hat gesagt: Wenn es den heißen Urknall gegeben hat und sich diese kernphysikalischen Gesetze, wie wir sie aus dem Labor kennen, auch im frühen Kosmos so abgespielt haben, dann muss das Universum zu Dreiviertel aus Wasserstoff bestehen und zu einem Viertel aus Helium. Alle weiteren Elemen-

te werden in Sternen erzeugt.
Diese Vorhersage der Urknallhypothese, dass in der primordialen Nukleosynthese Dreiviertel Wasserstoff und ein Viertel Helium erzeugt wurden, und dass die das gesamte intergalaktische Material ausmachten, die hat sich vollständig bestätigt.
Das war's. Wasserstoff und Helium sind nach drei Minuten erzeugt und danach kommt nichts mehr. Nichts. Keine Chance. Warum nicht? Nun, das Universum hat sich inzwischen weiter ausgebreitet und ist abgekühlt. Nicht nur, dass die Temperatur abgesunken ist, auch die Dichte ist gesunken. Da treffen sich keine Teilchen mehr, um zu einem Atomkern zu fusionieren. Am Anfang waren die Temperatur und die Dichte sehr hoch. Als die Temperatur und die Dichte einen kritischen Wert unterschritten, war es für das Universum nicht mehr möglich, irgendwelche Elemente zu erzeugen. Gar nichts mehr. Das Einzige, das jetzt noch blieb, war die Wechselwirkung der Materie mit der Strahlung. Das war's. Drei Minuten nach dem Urknall war die Sache soweit gelaufen. Die nächsten 400.000 Jahre waren tot langweilig.

Die Materie entsteht

400.000 Jahre lang breitet sich ein Universum aus, das aus Wasserstoff und Helium besteht, zumindest, was die leuchtende Materie betrifft. Das Universum wird einfach immer kälter. Das war's. Damals, als diese beiden Elemente entstanden, Wasserstoff und Helium, da herrschte noch eine Temperatur, die relativ hoch war, im Bereich von Milliarden Grad Celsius. Dann kühlte es ab, so um die Millionen Grad. Da war nichts mehr möglich. Da war die Bewegungsenergie der Teilchen nicht mehr in der Lage, sich zu neuen Atomkernen zu formieren.
Seitdem gibt es also einen Materienbrei, sehr, sehr, sehr, sehr, sehr, gleichmäßig, das meine ich auch so, wie ich es gesagt habe, das ist kein Versprecher. Extrem gleichmäßig,

weil nämlich die Wechselwirkung, das meint ein Physiker, wenn zwei Dinge zusammenstoßen, die Wechselwirkung von Strahlung mit Materie war irre intensiv. Das meine ich auch genauso, wie ich es sage. Irre intensiv, nämlich unvorstellbar intensiv.

Die Anzahl der Lichtteilchen, der so genannten Photonen, ist ein Maß für die Temperatur. Nun hatten wir eine relativ hohe Temperatur von 100 Millionen bis 10 Millionen Grad Celsius. Das heißt, die Anzahl der Lichtteilchen war sehr, sehr hoch. Es war ohnehin so, dass die Anzahl der Lichtteilchen viel höher war, als die Anzahl der richtigen Teilchen. Denn in der Frühphase des Universums kam es ja dazu, dass Fünf Milliarden Teilchen ihre Antiteilchen fanden und dann Licht erzeugten. Nur ein wirkliches Teilchen blieb übrig. Es war also immer ein asymmetrisches Verhältnis. Richtige Teilchen: Eins, und das hat zu kämpfen mit Fünf Milliarden Photonen. Das ist ein Wahnsinn!

Es gab eine intensive Wechselwirkung von Plasma, also von Gas aus geladenen Teilchen, nämlich den positiv geladenen Atomkernen, von Helium und von Wasserstoff – Helium zweifach positiv geladen, Wasserstoff einfach positiv geladen – und den Elektronen, die völlig frei beweglich waren. Die Elektronen vagabundierten sozusagen zwischen den Atomkernen hin und her. Die waren nicht gebunden. Warum geht das?

Weil das Elektron so viel leichter ist als das Proton. Das Elektron ist knapp 2.000 Mal leichter, ist also wesentlich beweglicher. Das Elektron ist auch der bevorzugte Wechselwirkungspartner für Licht. Das Elektron ist geladen und die elektromagnetische Strahlung reagiert auf geladene Teilchen besonders intensiv.

Nehmen wir jetzt zum Beispiel an, es hätte in der frühen Phase des Kosmos eine Verdichtung gegeben. Wir sind jetzt in einer Zeit, sagen wir mal so fünf bis 600 Jahre nach dem Urknall. Das Universum hat eine Temperatur von einigen 100.000 Grad. Angenommen, in dieser frühen Phase des Kosmos kommt es zu einer Verdichtung von Materie. Die konnte es aber nicht geben. Denken kann man es, aber de facto kann es nicht sein. Warum nicht? Weil überall das Licht war, das Echo vom Urknall, das überall ist, auch heute noch, hier und jetzt. In jedem Kubikzentimeter Universum sind 500 Photonen vom Urknall übrig geblieben. Damals, als das Universum noch so viel dichter und viel kleiner war, gab es natürlich sehr viel mehr Photonen pro Kubikzentimeter, die vom Urknall übrig geblieben waren, von dieser Vernichtungsschlacht Materie Antimaterie.

Jedes Mal, wenn sich die Materie ein bisschen verdichtet hat, ein bisschen, ein winziges bisschen nur, dann schossen die Photonen gleich dazwischen, so wie ein Tornado in einen Laubhügel und haben sofort wieder alles ausgeglichen. Es gab eine so intensive Wechselwirkung, eine so intensive Kopplung zwischen Strahlung und Elektronen, dass überhaupt keine Möglichkeit da war, dass irgendwo im frühen Universum, irgendwo und irgendwie und irgendwann eine Materienverdichtung sich hätte bilden können.

Sie fragen sich, warum reitet der Mann so auf Materienverdichtung herum? Das ist mir doch völlig egal. Nein, die Entstehung von Galaxien, das Werden von Sternen ist ja nur möglich, wenn Materie unter ihrem eigenen Gewicht zusammenfällt, und das in einem expandierenden Universum. Hier stellt sich nämlich die Gretchenfrage: „Heinrich, wie hältst du es mit der Expansion?“

Wenn das Universum so wahnsinnig schnell expandiert wäre, dass es überhaupt nicht dazu hätte kommen können, dass Materie unter ihrem eigenen Gewicht zusammengefallen wäre, dann würde es uns gar nicht geben. Es muss also irgendwann im Universum mal dazu gekommen sein, dass Materie unter ihrem eigenen Gewicht zusammenfiel und sich von der allgemeinen Expansion unabhängig gemacht hat. Das ist ein ganz wichtiger Prozess.

Aber im frühen Kosmos, zu dieser Zeit, war das noch nicht möglich. Da haben sich einfach noch keine Keime bilden

können. Keine Keime, die unter ihrem eigenen Gewicht zusammenfielen und dadurch noch mehr Materie ansammelten. Nichts, keine Chance. Der Strahlungsdruck im frühen Universum hat das unmöglich gemacht. Völlig unmöglich.
Aber wir haben ja im Hintergrund die ganze Zeit die Expansion. Ein Universum, das so eng mit der Strahlung gekoppelt ist, ist praktisch nur Licht, ein gewaltiger Lichtnebel. Das war der Anfangszustand des Universums in den ersten 400.000 Jahren.
Jetzt gehen wir weiter, einfach weiter. Das Universum expandiert, expandiert, expandiert. Die Temperatur geht weiter runter, das heißt, die Bewegungsenergie der Teilchen wird ebenfalls weniger. Jetzt kommt eine Kraft ins Spiel: Die elektromagnetische Kraft.
Die Atomkerne sind positiv geladen, die Elektronen negativ. Die Elektronen waren die ganze Zeit hoch beweglich, weil die kinetische Energie, die Bewegungsenergie hoch war. Sie konnten der Anziehungskraft, der elektromagnetischen Anziehungskraft, der positiven Ladung entfliehen. Nicht zuletzt, weil sie immer wieder mit Photonen zusammenstießen und dabei sogar Energie gewannen, weil sie immer schneller wurden. Das heißt: Es gab diese Wechselwirkung von Strahlung und Elektronen, und es gab diese positiv geladenen Atomkerne. Aus.

Nicht perfekt temperiert

Aber jetzt wurde das Universum kalt, immer kälter und kälter. Bei 4.000 Grad hatte das Universum dann wieder einen Zustand erreicht, indem etwas passierte. Der Nebel lichtete sich. Die Elektronen hatten jetzt so wenig Bewegungsenergie, dass sie von den Atomkernen eingefangen wurden. Es entstanden die ersten elektrisch neutralen Atome im Universum: Wasserstoff und Helium. Man spricht in eingeweihten Kreisen von der so genannten „Rekombination.“ Eigentlich müsste es „erste Kombination“ heißen, denn die waren ja

noch nie zusammen, aber der Begriff „Rekombination“ hat sich eingebürgert.
Hier ist eine totale Entkopplung zwischen Materie und Strahlung passiert. Warum? Weil die Elektronen weg sind. Die hauptsächlichen Stoßpartner für das Licht, nämlich die Elektronen, sind verschwunden. Das heißt, die Strahlung kann sich frei durch das Universum bewegen. Das Universum hatte also einen Horizont von 400.000 Lichtjahren. 400.000 Jahre maximale Ausbreitungsgeschwindigkeit ist gleich Lichtgeschwindigkeit. Also ist das, was jemand gesehen hätte zu dieser Zeit, wenn er denn da gewesen wäre - konnte er ja nicht, es gab ja noch keine schweren Elemente - der hätte einen Horizont von 400.000 Lichtjahren gehabt.
In diesen 400.000 Lichtjahren gab es jetzt zum ersten Mal die Möglichkeit für das Licht, sich völlig frei zu bewegen. Diese kosmische Hintergrundstrahlung hat sich seitdem einfach nur verändert, so wie es die Gesetze der Quantenmechanik sagen.
Das Spektrum eines Körpers, der eine bestimmte Temperatur hat, nennt man auch „Schwarzkörperspektrum“. Das verändert sich nur mit der Temperatur des Körpers. Zum Beispiel der berühmte, weißglühende Eisenblock: Wenn der abkühlt, geht er von weißglühend, hell weißglühend ins Bläuliche, dann ins Grünlich-Gelbliche hin zum Rötlichen, bis er gar nicht mehr sichtbar ist. Dann strahlt er nur noch im infraroten Bereich.
Das heißt, das Maximum des Spektrums verschiebt sich einfach mit absinkender Temperatur ganz langsam hin zum längerwelligen Bereich.
Die Urknalltheorie hat eine Vorhersage über die Temperatur des Universums heute gemacht. Aus der Hintergrundstrahlung, dem Überrest des Urknalls, dem Echo des Urknalls lässt sich die Temperatur des Universums errechnen. Das war Gegenstand der Urknalltheorie.
Glauben Sie, es würde mich geben, wenn das nicht stimmen würde? Man hat natürlich genau das beobachtet, was die

Theorie vorhergesagt hat, vier, fünf Stellen hinter dem Komma genau. Die Temperatur ist 2,72 Kelvin, das sind Minus 271 Grad Celsius. Das ist die heutige Temperatur des Universums, abgeleitet aus der Temperatur der Strahlung, eine Strahlungstemperatur, die überall im Universum gleich ist.
In jedem Kubikzentimeter Universum sind 500 von diesen Hintergrundphotonen, In jedem. Früher, also ganz früher, als es noch kein Fernsehen nach Mitternacht gab, da konnte man noch in aller Ruhe vor dem Fernsehen einschlafen. Das fing dann irgendwann mal an zu rauschen, nur noch weißes Rauschen. Zehn Prozent dieses Rauschens am Fernsehapparat war Hintergrundstrahlung. Ein Beispiel, um Ihnen eine Vorstellung von der Größe der Strahlungsmenge zu geben.
Aber gehen wir noch einmal einen Moment zurück. Wir sind jetzt in der Zeit 400.000 Jahre nach dem Urknall. Das Universum hat eine Temperatur von weniger als 4.000 Grad Celsius. Die Materie hat sich gebildet und besteht jetzt tatsächlich nur noch aus neutralen Atomen und ein paar freien Elektronen, die es nicht geschafft haben, von einem Atom eingefangen zu werden. Dann gibt es noch ein paar Atomkerne, hier und da.
Die Gravitationskraft ist sehr gering und die Strahlung kann sich völlig frei entfalten. Seit dieser Entkoppelung, seitdem sich der Lichtnebel gelichtet hat, hat sich das Universum weiter ausgebreitet. Diese Ausbreitung, die führte immer weiter zur Abkühlung. Deswegen konnte die Urknalltheorie eine Temperatur für heute angeben.
Erstaunlich ist, dass man noch so gut messen konnte, was heute ist, da der Urknall überall stattfand. Da gab es keine Tribünenbesucher, die sich das von außen haben ansehen können. Sondern alles was ist, alles, das gesamte Universum war ja mal in einem Anfangszustand zusammengepresst. Sind wir sozusagen innen drin, in diesem Körper, der überall gleich temperiert ist, fast perfekt gleich temperiert? Wäre er perfekt gleich temperiert, würde es uns nicht geben. Aber, wie schon oft erzählt: Es gibt immer gewisse Abwei-

chungen von der Symmetrie, von dem absolut perfekten Gleichgewicht. Diese leichten Abweichungen haben dazu geführt, dass die Dinge sich überhaupt haben entwickeln können, das Werden von Galaxien, Sternen und Planeten.
Wir sind bei der Entkoppelung der Materie von der Strahlung. Was ist dann als nächstes passiert? Es haben sich nur ganz winzige, dichte Störungen bilden können, denn die Materie war immer noch sehr heiß. 4.000 Grad ist kein Papenstil.
3.000 Grad ist auch kein Papenstil. Die Materie war immer noch sehr heiß. Es konnten sich zu dieser Zeit auf jeden Fall noch keine Sterne gebildet haben. 400.000 Jahre nach dem Urknall gab es keine Sterne. Folglich konnten sich auch keine Galaxien gebildet haben.
Die Entwicklungsgeschichte des Universums hat aber hier eine ganz wichtige Phase. Das war das letzte Mal, dass sich im Universum ein so genannter „Phasenübergang“ vollzogen hat.
„Phasenübergang“ kennt man vom Wasser. Also, wenn Wasserdampf kondensiert, dann wird er flüssig, wenn flüssiges Wasser gefriert, dann wird es zu Eis. Das sind jeweils Übergänge von einem Aggregatzustand in den nächsten. Der letzte Übergang, den das Universum vollzogen hat, das war der Übergang, dass die Materie von der Strahlung „ausfror“. Die Entwicklung der Materie ist auf einmal von der Strahlungstemperatur entkoppelt. Die Materien-Temperatur ist nicht mehr dieselbe wie die Strahlungs-Temperatur. In dem Moment, zum aller ersten Mal, konnte überhaupt irgendeine Art von Verdichtung in der Materie vorkommen, die die ganze Zeit vorher in Strahlung existierte. Das war der Beginn der Entstehung von Strukturen im Universum. Diese hatten nichts mehr mit der allgemeinen Expansion zu tun, sondern sie drehten ihr eigenes Ding. Sie sammelten soviel Materie an, dass sie tatsächlich unter ihrem eigenen Gewicht zusammengefallen sind.
Daraus haben sich die Objekte entwickelt, die wir heute in

vielen Bildern sehen können: Galaxien, Galaxienhaufen, Sterne, Planeten. Wenn der Nebel sich nach 400.000 Jahren nicht gelichtet hätte, wenn alles gleich geblieben wäre, dann würde es nichts geben.

uni auditorium

DAS UNIVERSUM

Dunkle Kräfte und Energien

2

- Die dunkle Materie
- Die dunkle Energie
- Die Insel des Lichts
- Der Tanz der Galaxien

DIE DUNKLE MATERIE

Es gibt eine Form von Materie, die ist ganz anders. Sie sendet keine Strahlung aus und sie schluckt auch keine Strahlung. Sie ist nur schwer und viel häufiger im Universum vertreten als die normale leuchtende Materie. Ohne sie gäbe es keine Galaxien, Sterne und Planeten. Was ist das?

DIE DUNKLE ENERGIE

Nach Einstein entspricht Energie einer Masse. Masse aber wirkt als Schwerkraft immer bremsend auf die Ausdehnung des Universums. Seit einiger Zeit aber wissen wir, dass es noch eine andere Energieform gibt. Eine, die die Ausbreitung des Universums sogar beschleunigt. Endet alles in einem zweiten Urknall?

DIE INSEL DES LICHTS

Die Galaxien sind wie hellerleuchtete Schiffe im dunklen Meer des Universums. In ihnen strahlen die Sterne. Es gibt Scheibengalaxien und elliptische Galaxien; Zwerggalaxien und Riesengalaxien. Wie sind sie entstanden und warum sind sie alle so unterschiedlich?

DER TANZ DER GALAXIEN

Viele Galaxien ziehen sich an, wie Mond und Erde. Die gegenseitige Schwerkraft lässt in den Galaxien Gezeiten wirksam werden. Gasströme rasen ins intergalaktische Medium, manche Galaxien verschmelzen miteinander, andere ändern ihre Form. Welche Kräfte sind da am Werk, dass sie sogar der Expansion des Universums trotzen?

Die Dunkle Materie

Astronomen sind Lichtdeuter. Sie bekommen Licht vom Himmel, von den Objekten des Himmels und deuten dieses Licht. Sie fangen es mit ihren Fernrohren oder Teleskopen ein, zerlegen es in einem Spektralapparat und versuchen herauszufinden: Woher kommt das Licht, und was sagt es uns? Von welchen Atomen ist das Licht ausgesandt worden? Sind es die Atome von Wasserstoff oder sind es vielleicht die von Eisen gewesen? Bewegt sich die Lichtquelle? Bewegt sie sich auf uns zu oder von uns fort? Ist also Strahlung in ihrer spektralen Eigenschaft verschoben? Ist die Spektrallinie gar nicht da, wo sie eigentlich sein sollte? Sondern ist sie vielleicht ins Blaue verschoben? Dann bewegt sich die Lichtquelle auf uns zu. Ist die Spektrallinie ins Rote verschoben? Dann bewegt sich die Quelle von uns weg. Das ist genau das, was Astronomen machen: Licht deuten. Die Astronomen lesen aus dem Licht heraus, was Materie macht. Naturgemäß leuchten Materien. Denn nur leuchtende Materie produziert Licht. Es gibt aber eine Form von Materie, die ist dunkel, die produziert kein Licht. Die absorbiert auch kein Licht, sie gibt weder Licht ab, noch nimmt sie Licht auf. Sie wirkt überhaupt nicht mit Licht, ganz und gar nicht.

Diese Dunkle Materie ist eines der großen Geheimnisse des Universums. Es gibt ungefähr zehnmal mehr Dunkle Materie, als leuchtende Materie.

Was wir am Himmel sehen, selbst mit unseren empfindlichsten Teleskopen, ist letztlich nur die Spitze des Eisberges. Die wirkliche Masse, die es im Universum gibt, von der gesamten Materienmenge sehen wir nur einen winzigen Anteil, der bei etwa fünf Prozent liegt.

Die Dunkle Materie zeigt sich allerdings auch, denn sonst würde ich nicht darüber reden können, das ist doch klar. Sie zeigt sich durch ihre Wirkung. Dunkle Materie wirkt.

Materie wirkt durch ihre Schwerkraft, durch die Massenkraft,

die Kraft, die Massen aufeinander ausüben. Und genau so hat man sie auch entdeckt. Man hat gemerkt, dass sich die Bewegungsmuster der leuchtenden Materie nicht mit den Massen erklären lassen, die in der leuchtenden Materie stecken.
Ein ganz einfaches Beispiel: Im Sonnensystem ist die Sonne die dominante Masse. Die Planeten bewegen sich um die Sonne herum, weil die Gravitation der Sonne dominiert und die Planeten träge sind. Eigentlich wollen sie ja von der Sonne weg. Aber die Bilanz dieser beiden Kräfte, nämlich Trägheit in die eine Richtung, Gravitation hin zur Sonne, führt dazu, dass die Planeten sich um die Sonne herum bewegen. Hier ist ein ganz klares Verhältnis, die Sonne dominiert. Deswegen bewegen sich die Planeten gemäß der Kepler-Rotation. Je weiter ein Planet von der Sonne entfernt ist, umso langsamer ist seine Geschwindigkeit. Ganz einfach.
Stellen wir uns jetzt eine Spiralgalaxie, eine schöne Scheibengalaxie vor. Die sichtbare Masse der Galaxie ist vielleicht in einem Bereich, wo wir sie noch sehen können. Jetzt beobachten wir eine Gaswolke ganz am Rande der Galaxie. Was würden wir denn erwarten? Da hier die Masse in der Galaxie konzentriert ist, würden wir erwarten, je weiter die Gaswolke von der Galaxie entfernt ist, umso kleiner wird ihre Rotationsgeschwindigkeit. Die Gaswolke hier draußen müsste sich eigentlich so verhalten wie die Planeten im Sonnensystem. Das ist aber nicht der Fall.
Die erwartete niedrige Geschwindigkeit da draußen, die wurde nicht gemessen. Es wurde eine viel höhere Geschwindigkeit gemessen. Eine so hohe Geschwindigkeit, dass man annehmen muss, dass um die sichtbare Galaxie herum ein riesengroßer „Halo", wie wir Astonomen sagen, also eine Umgebung aus Dunkler Materie existieren muss.
Also nicht das, was wir an Galaxienbildern so sehen. Nicht die Spiralgalaxien, die es so gibt, oder Balkengalaxien, das sind gar nicht die wirklichen Massen, die in den Galaxien

stecken. Es gibt um die Galaxien herum ein riesiges Reservat an Dunkler Materie. Und diese Dunkle Materie wirkt aufgrund ihrer Masse auf die Massen der Galaxien beschleunigend. Deswegen drehen die sich da draußen viel schneller, als sie es eigentlich tun dürften, wenn man nur die leuchtende Materie nähme. Das ist nicht ganz einfach.

Nehmen wir ein anderes Beispiel: heißes Gas. Die Teilchen in dem Gas haben eine hohe kinetische Energie und hohe Bewegungsenergie. Eigentlich ist es komisch, dass um Galaxien - große elliptische Galaxien, also große Kugeln - riesige Gebiete existieren, in denen man heißes Gas beobachtet hat.

Aber dieses heiße Gas produziert kein Licht im sichtbaren Bereich des elektromagnetischen Spektrums, sondern Röntgenstrahlung. Sie ist Millionen Grad heiß, teilweise 60 Millionen Grad, also richtig heiß.

Jetzt kann man Folgendes überlegen: Da steht diese elliptische Galaxie und um diese elliptische Galaxie herum das heiße Gas. Wieso ist das nicht schon längst verschwunden? 60 Millionen Grad, das ist doch viel zu heiß. Wie kann die Galaxie das halten? Sie muss sehr viel Masse haben, damit die Schwerkraft dieses heiße Gas halten kann.

Jetzt kann man die Sterne in der Galaxie zählen und damit die Masse der Galaxie bestimmen. Man kennt jetzt also die sichtbare Masse der Galaxie und stellt fest: Komisch, in der Galaxie ist weniger Masse als in dem heißen Gas. Irgendetwas stimmt hier nicht. Man würde doch erwarten, die Galaxie hält das heiße Gas um sicher herum fest, weil die Schwerkraft so groß ist. Deswegen konnte das Gas nicht verschwinden.

Aber es geht hier auch wieder nur mit Dunkler Materie. Das was das ganze Gebilde zusammen hält, also die Galaxie mit ihrem heißen Röntgen Halo, ist Dunkle Materie. Und davon gibt es mindestens zehnmal mehr im Universum, als es Leuchtmaterie gibt.

Jetzt kommt noch das Hammer-Beispiel. Das ist Theorie in

Beobachtung umgesetzt. Schöner kann man es kaum machen. Es geht um Einstein und die Sache mit dem gekrümmten Raum.
Masse krümmt den Raum. Da wo Masse ist, ist der Raum gekrümmt. Auf der anderen Seite schreibt die Krümmung des Raumes den Massen vor, wie sie sich zu bewegen haben. Die Krümmung des Raumes ist auch die Oberfläche, auf der sich das Licht bewegt. Ein Lichtstrahl, der an einer Masse vorbeizieht, wird in seiner Richtung etwas verändert. Er wird gekrümmt, wie es so schön heißt.
Jetzt kommt das Verfahren schlechthin, wie man Materie nachweisen kann, die gar nicht leuchtet, aber schwer ist: Mit dem Verfahren der Gravitationslinse.
Dazu folgendes, einfaches Experiment:
Man hat irgendwo weit weg, ganz weit weg im Universum eine Galaxie, eine schöne, leuchtende Galaxie, mindestens eine, vielleicht auch ein paar mehr, man kann auch einen Galaxien-Haufen nehmen, egal. Hauptsache, es ist weit weg. Jetzt schaut man sich die Bilder an, die ein Teleskop von einem solchen Galaxien-Haufen aufnimmt.
Da gibt es immer wieder mal Galaxienhaufen, die zeigen so merkwürdige ringartige Strukturen. Und wenn man ganz genau hinsieht, also die Spektren des Lichtes der Galaxien untersucht, stellt man fest: Komisch, manche dieser Spektren sind völlig identisch. Die Bilder am Himmel sind anders, aber die Spektren sind identisch. Das ist dann ein Zeichen, bei dem der Astronom fragt: Na, das wird doch keine Gravitationslinse sein?
Dass nämlich unter Umständen das Abbild einer Galaxie am Himmel noch mal erscheint, weil der Raum durch Dunkle Materie, derart gekrümmt worden ist, dass die Lichtwege eben nicht mehr parallel, sondern dass sie gebogen sind und auf diese Art und Weise, wie mit einer schlechten Lupe verzerrte Bilder entstehen: Doppelbilder, Dreifachbilder, Vierfachbilder.

Wir Astronomen sind ja in der schönen Lage, dass die Objekte unserer Begierde nicht manipulierbar sind. Wir machen in diesem Sinne also keine Experimente. Das Experiment in der Astronomie ist sozusagen die Beobachtung. Und diese Gravitationslinsen-Experimente erlauben uns die Darstellung von Massenprofilen im Universum, weil man praktisch aus den Bildern, aus den verzerrten Bildern der Galaxien ableiten kann, welche Massen zwischen uns und diesen verzerrten Objekten, also nicht den Objekten selbst, sondern den Bildern dieser Objekte liegen, damit genau solche Abbildungsverzerrungen überhaupt zustande kommen? Ist das klar?

Also noch mal. Wenn Sie eine Landkarte anschauen, und Sie haben irgend eine Lupe, keine besonders gute, dann wird je nach dem, wie Sie die Lupe über die Karte halten, die Abbildung dieser Landkarte da sein, mal größer, mal kleiner. An den Rändern dieser Lupe sehen sie Verzerrungen. Das sind letztlich Beugungsmuster, weil die Lichtstrahlen nicht völlig parallel zu ihrem Raum kommen. So kann man praktisch aus den Verzerrungen auf die Eigenschaften der Lupe schließen. Nur besteht die Lupe beim Blick ins Universum nicht aus Glas, sondern aus Dunkler Materie.

Was ist nun die Dunkle Materie? Das ist die Frage. Sind das ausgebrannte Sterne, die einfach übrig geblieben sind? Oder Schwarze Löcher, die auch übrig geblieben sind? Alte Planeten, oder was? Übrig gebliebenes Gas, das nicht gereicht hat für ordentliche Galaxien? Nein, das alles ist es nicht.

Ich habe ja schon gesagt: Die Dunkle Materie ist ein Material, das nicht mit Strahlung wechselwirkt, wie der Fachbegriff lautet. Das heißt, sie besteht nicht aus den Teilchen, aus denen Sie und ich bestehen.

Wir bestehen aus Protonen, Neutronen, Elektronen und so weiter. Dunkle Materie aber muss etwas völlig anderes sein. Und: Es gibt zehnmal mehr davon. Da sind wir Astronomen uns völlig sicher. Alle diese Verfahren, die ich Ihnen eben er-

zählt habe, also die Rotationskurven von Galaxien, das heiße Gas um elliptische Galaxien, die Gravitationslinsen, alles das deutet darauf hin, dass es viel, viel mehr Dunkle Materie gibt als leuchtende Materie.
Es wird sicherlich auch eine Art von nicht leuchtender Baryonischer Materie geben, das ist kaltes Gas, ausgebrannte Planeten, abgefackelte Sterne, die schon lange nicht mehr leuchten. Aber selbst dieser Anteil ist winzig im Vergleich zu der Riesenmenge von Materie, die es da draußen geben muss, die keine Strahlung absorbiert, die sich nur durch ihre Schwerkraft bemerkbar macht. Nur dadurch.
Das muss eine Form von Teilchen sein, die zu der so genannten „Großen Vereinigten Theorie" gehört. Diese Teilchen müssen ganz am Anfang im Universums gewesen sein, lange bevor sich Protonen und Neutronen gebildet haben. Lange bevor die Materie sich von der Strahlung entkoppelte, hatte sich die Dunkle Materie schon von der Strahlung entkoppelt und konnte viel früher als die leuchtende Materie Gravitationspotentiale ausbilden. Zu diesen vorgeformten Potentialen ist die leuchtende Materie hinzu gekommen.
Daran wird schon klar, dass die Strahlungswechselwirkung von Dunkler Materie gleich Null sein muss. Dunkle Materie ist etwas völlig anderes, als das, aus dem wir bestehen. Alles was wir am Himmel sehen, diese leuchtenden, netten Sterne, das ist alles nur ein ganz lauer Abglanz von dem, was sich da draußen tatsächlich abspielt.
Die Kraft, die uns das zeigt, ist die Königin der Kräfte, nämlich die Gravitation. Sie regiert das Universum auf der ganz großen Längenskala, auf den großen Entfernungen. Da kann man die anderen Kräfte, wie die starke und die schwache Kernkraft vergessen. In den großen Dimensionen des Universums regiert nur die Gravitation. Dass wir die Dunkle Materie überhaupt entdecken konnten, verdanken wir nur der Tatsache, dass sie eine Schwerkraftwirkung hat.
Also in diesem Sinne gilt hier der Witz von dem besoffenen Mann, der unter einer Laterne seinen Schlüssel sucht. Da

kommt ein Passant vorbei und sucht mit. Nach einer Weile fragt der Passant:
„Sagen Sie mal, haben Sie den Schlüssel hier überhaupt verloren?"
„Das nicht, aber hier habe ich wenigstens Licht."

Die Dunkle Energie

Die Dunkle Energie, das ist kein einfaches Thema. Wundern Sie sich nicht, wenn Sie es nicht sofort verstehen, das ist kein Wunder. Wie ist man überhaupt auf den Gedanken gekommen, dass es so etwas gibt?
In den 1990er Jahren haben Astronomen sich darum gekümmert, wie man Entfernungen bestimmen kann. Da hat man genauer darüber nachgedacht, wie weit etwas von uns entfernt ist. Da gab es ein Verfahren mit Hilfe von Supernovae, also von explodierenden Sternen, aber nur vom „Typ 1a".
Die Supernovae vom Typ 1a zeichnen sich dadurch aus, dass sie praktisch unabhängig von der Entwicklungsgeschichte des Universums überall im Universum gleich funktionieren. Sie sind die perfekte Standardkerze. Wenn man die Helligkeit einer solchen Supernova vom Typ 1a einmal kennt, dann kann man mit der Formel „Eins durch r-Quadrat" die Leuchtkraft dieser Supernova auf eine Entfernung umrechnen, denn die Leuchtkraft fällt mit dem Quadrat des Abstandes.
Wenn ich also die Leuchtkraft kenne, hier an irgendeinem Ort in unserer kosmischen Nähe, dann kann ich sozusagen die Standardkerze eichen. Dann weiß ich, wie hell das Ding ist. Wenn ich dann irgendwo eine Supernova von Typ 1a messe, dann weiß ich also aus dem Verhältnis ihrer Leuchtkraft zur Leuchtkraft meiner geeichten Kerze, meiner geeichten Supernova, wie weit diese Supernova von uns entfernt ist. Mit diesem Messverfahren fing eigentlich alles an.
Da explodiert ein Stern, diese Sternenexplosion produziert

immer die gleiche Menge an Leistung. So hat man einen wunderbaren, standardisierten Entfernungsmesser, einen prima Zollstock.

Aber dann hat man etwas gemerkt, das wiederum komisch war: Dieses Gesetz der Entfernungsabhängigkeit der Leuchtkraft dieser Standardkerzen trifft ab einer bestimmten Entfernung offenbar nicht mehr zu.

Eine Supernova-Explosion vom Typ 1a, bei einer bestimmten Rotverschiebung - die Rotverschiebung ist ja nichts anderes als die Verschiebung der Spektrallinie ins Rote und damit ein Maß für die Expansion des Raumes im Universum - und ab einer Zeit so vor fünf bis sechs Milliarden Jahren, da hat sich offenbar irgend etwas verändert. Was?

Die erste Idee ist natürlich: Vielleicht gibt es doch zwei verschiedene Bevölkerungsgruppen von Supernova vom Typ 1a. Die einen sind vielleicht ein bisschen schwächer als die anderen. Das war die erste Idee. Das ließ sich aber nicht halten. Man hat überhaupt keinen Hinweis, dass es da irgendeinen Unterschied gibt, Supernova von Typ 1a sind alle gleich.

Ja wieso sind die dann schwächer? Was ist denn da passiert? Ganz einfach. Die Expansion des Universums hat sich beschleunigt. Seit sechs Milliarden Jahren beschleunigt sich die Expansion des Universums entgegen den alten kosmologischen Modellen. Von denen gab es ja verschiedene. Das eine Modell ist, dass das Universum wieder in sich zusammenfällt - zuviel Dichte. Das andere: Das Universum expandiert, wie wahnsinnig – zu wenig Dichte. Die dritte Variante ist, dass alles exakt auf der „goldenen Mitte" angesiedelt ist. Man spricht von einem so genannten „Omega gleich Eins Universum." Also wenn die Energiedichte im Universum genau der kritischen Dichte entspricht. Und so scheint es zu sein.

Aus den Beobachtungen dieser abgeschwächten Supernovae fand man heraus, dass die Expansion des Universums sich seit etwa sechs Milliarden Jahren beschleunigt. Und

was noch viel toller ist, man hat Supernovae von Typ 1a mit ganz hohen Rotverschiebungen beobachtet. Dort fand man heraus, dass sich damals, also bei ganz hohen Rotverschiebungen, offenbar die Expansionsgeschwindigkeit des Universums verringert hat.
Jetzt haben wir zumindest physikalisch ein klares Bild. In der ganz frühen Phase des Universums war die Materie offenbar Materie-Gravitation, das heißt die Expansion des Universums wird durch die Materie abgebremst. Es gab also eine Phase, wo die Expansion des Universums durch Materie dominiert war. Und dann muss es aber einen Tag gegeben haben, wo die „Dunkle Energie" - jetzt benutze ich das Wort schon einmal - übernommen hat, die entgegen der Gravitation der Materie die Expansion des Universums seitdem auseinander treibt. Das ist praktisch so eine Art Hefeteig. Das Universum geht auf, weil die Masse, die im Universum steckt, nicht mehr ausreicht, um die Expansion zu stoppen, beziehungsweise zu dominieren. Seit 6 Milliarden Jahren ist das so.
Seit dieser Zeit ist die Dunkle Energie die dominierende Energie im Universum.
Jetzt haben wir einen neuen Namen kreiert, „Dunkle Energie." So unter uns, ich könnte auch sagen „hilflose Energie." Ich weiß nicht wirklich, was das ist. Ich meine, alle kennen die Geschichte: Energie ist gleich Masse mal Lichtgeschwindigkeit zum Quadrat. Das ist klar. Aber wenn das so wäre, dann würde diese Energie, von der ich gerade gesprochen habe, wieder einer Masse entsprechen. Dann hätte man wieder eine Gravitation, dann würde man nicht verstehen, warum die Expansion höher beschleunigt? Verstehen Sie?
Also noch mal. Wenn diese Energieform, die für die Expansion des Universums zuständig ist, wenn die gemäß der Einsteinschen Relativitätstheorie einer Masse entspräche, dann würde diese entsprechende Masse, die von dieser Energie herrührt, ja die Expansion des Universums abbremsen.

Es muss also was ganz anderes sein. Die Dunkle Energie muss mit einer Eigenschaft verbunden sein, die man „negative Energie“ nennt, negativer Druck. Also das ist ganz anders als wir das kennen.
Das Schönste kommt noch. Man kann aus der Verteilung der Schwankungen der Hintergrundstrahlung, der kosmischen Hintergrundstrahlung, alles Mögliche ablesen. Das Alter des Universums, wie groß es ist, wie viel leuchtende Materie es enthält und wie viel Dunkle Materie. Das eine ist ja ziemlich viel, das andere ist deutlich weniger.
Also es gibt wenig leuchtende Materie, wahnsinnig viel Dunkle Materie. Aber diese beiden Materienanteile zusammen, also leuchtende und Dunkle Materie, Baryonische leuchtende Materie und Baryonische Dunkle Materie, die machen nur 30 Prozent des Universums aus. 70 Prozent des Universums müssen aus dieser Form von Dunkler Energie bestehen.
Ursprünglich hatte Einstein diese Art von Überlegung angestellt, als er nämlich bei der Entwicklung seiner allgemeinen Relativitätstheorie gerne ein ewiges Universum gehabt hätte. Also keines, das expandiert. Er wollte ein stabiles, statisches Universum. Da brachte er damals in seinen Gleichungen, um das Universum genau auszutarieren, eine so genannte „kosmologische Konstante“ an. Heute ist diese kosmologische Konstante, die von Einstein wieder verworfen wurde, eine der Modellvorstellungen für die Dunkle Energie.
Was muss man sich darunter vorstellen? Durch die Expansion des Universums fällt die Materiendichte ab. Das ist klar und einfach: Wir haben eine bestimmte Menge von Materie, das Volumen wird immer größer, immer größer, was geschieht mit der Dichte? Die Dichte geht natürlich mit der dritten Potenz der Ausdehnung in den Keller. Also es wird immer weniger, weniger, weniger. Das Volumen wird immer größer, größer, größer.
Was ist jetzt mit der Dunklen Energie? Die Dunkle Energie hat die Eigenschaft, dass egal wie groß das Volumen ist, ih-

re Dichte immer konstant ist. Immer den gleichen Wert hat. Das heißt, die effektive Energie, die in der Dunklen Energie steckt, wird mit der Vergrößerung des Universums immer größer und größer und größer und größer. Das hat so etwas von – wie soll ich sagen – von Absolutem, von Ewigem. Egal, was sonst im Universum passiert, diese Dunkle Energie, die 70 Prozent des Energieinhaltes des Universums ausmacht, diese Energie hat eine Wirkung von Antigravitation.

Während die Gravitation die Expansion des Universums abbremst, also die Gegenwart von Materie das Universum abbremst, so wird die Dunkle Energie, egal was passiert, immer mehr und mehr. Wie kann man sich das vorstellen?

Man kann es sich nicht vorstellen. Zumindest ist das mein Eindruck. Man kann Bilder entwickeln. Ich habe am Anfang gedacht, das lässt sich ganz einfach erklären, dass man sagt, um das Universum herum – da merken Sie schon, ich verlasse gerade den Bereich der vernünftigen Naturwissenschaften – um das Universum herum, was soll da sein? Das Universum ist alles, was da ist. Was soll da noch drum rum sein? Wir können keine Eigenschaften des Universums von außen betrachten. Aber betrachten wir einmal ein Modell. Wenn um das Universum herum noch was wäre, zum Beispiel Masse, dann könnte diese Masse das Universum zu sich ziehen, und das würde möglicher Weise zu einer beschleunigten Expansion führen. Das ist natürlich Blödsinn. Was soll da sein? Um das Universum herum?

Das kann es also nicht sein.

Was könnte es denn noch sein? Nehmen wir doch mal die Geschichte mit den Gummibändern. Ein ganz einfaches physikalisches Experiment: Wir drücken einen Kolben in eine Röhre, in der Gas ist. Was macht das Gas in diesem Kolben, das wir da zusammen gedrückt haben? Wenn wir das richtig reindrücken, wird es natürlich heiß da drin und das heiße Gas würde dazu führen, dass unser Kolben wieder herausgedrückt wird. Das Gas verrichtet eine Druckarbeit an dem eingedrückten Kolben. Das ist ja klar. Das kennt man. So wie der Atmosphärendruck, der ebenfalls eine Arbeit leistet. Deswegen verdampft das Wasser nicht schlagartig. Es kocht schneller, wenn man auf dem Mont Everest sitzt. Da kocht das Wasser viel früher als unten auf Meereshöhe. Das hat alles mit dem Druck zu tun. Das Gas übt einen Druck aus. Gut. Also machen wir es anderes herum: Wir nehmen einen Zylinder mit einem richtig schönen Kaugummi-Material drin. Jetzt wollen wir den Kolben wieder herausziehen. Nicht wie vorher, wo das heiße, zusammengedrückte Gas geholfen hat, den Kolben aus dem Zylinder herauszubringen. Jetzt hängt der Kaugummi praktisch an dem Kolben dran und zieht ihn wieder zu sich zurück. Das Material hat genau die entgegengesetzte Eigenschaft von dem Gas vorher.

So muss man sich das vorstellen. Während die Gravitation und damit auch die Energie, die damit zusammenhängt, eine abbremsende Wirkung hat, also die Expansion tatsächlich abbremst, so zieht gewisser Maßen das Vakuum, also das „fast Nichts," um es mal physikalisch sauber zu formulieren, an dem Universum. Das reißt das Universum auseinander, weil dieser Zustand, dass nämlich die Dinge weiter auseinander sind, ein stabilerer Zustand ist, als der in dem die Dinge dichter zusammen sind. Ein System, das aus vielen Teilchen besteht und in dem die Gravitation nur alleine wirkt, führt dazu, dass das System instabil wird. Es wird alles in sich zusammenfallen. Je weiter allerdings die Materie im Universum verteilt ist, umso stabiler wird das Universum. Das ist noch keine Erklärung für die Dunkle Energie, das kann man nicht sagen. Wir sind heutzutage in der Phase - also wie soll ich sagen – in der botanisch-kosmologischen Phase. Wir sind gerade dabei aufzuschreiben, was da alles drin ist.

Da gibt es die leuchtende Materie, da gibt es die Dunkle Materie. Da gibt es die Dunkle Energie.

Ist das eine Konstante? War die schon immer so, diese Dunkle Energie, oder hat die sich entwickelt? Gab es eine

Frühphase des Universums, die genau zu dem Wert von Dunkler Energie geführt hat, den wir heute messen?
Wir haben natürlich eine Vorstellung, was für Energien im Nichts stecken können, also im absoluten Vakuum. Diese Vorstellungen stammen aus der Quantenmechanik. Der Wert, den die Quantenfeldtheorien für die Vakuum-Energiedichte erbringt – das sage ich jetzt ganz langsam, das ist wirklich ein Hammer – der Erwartungswert der theoretischen Physik für die Vakuum-Energiedichte des Universums ist 120 Größenordnungen höher als der gemessene Wert der Energiedichte der Dunklen Energie im Universum. 120 Größenordnungen zu viel. Ich würde sagen, da bleibt noch Potential nach oben.
Wir sind in der modernen Kosmologie an einem Punkt angelangt, den man in der Physik schon von einigen Umbrüchen kennt. Zu Beginn des 20. Jahrhunderts dachte man, die Physik ist sozusagen schon fertig, die klassische Physik kann alles erklären. Dann kam die Quantenmechanik, die hat alles auf den Kopf gestellt. Denken Sie nur an Kopernikus, auch er hat alles auf den Kopf gestellt, ein wahrer Revolutionär. Möglicherweise ist die Entdeckung der Dunklen Energie vor einigen Jahren durch Supernovae Explosionen von vor sechs Milliarden Jahren der Beginn einer wissenschaftlichen Revolution in der Physik.

Die Insel des Lichts

Ja, das Universum ist komisch, das muss man schon mal sagen, das Universum ist sehr komisch. Es ist groß und es ist leer. Also wenn man mal so eine Raumreise machen könnte, mal richtig weit weg, nicht nur bis zum Mond oder zum Mars oder zum nächsten Stern, sondern mal richtig weit weg, so Millionen Lichtjahre, das wäre todsterbends langweilig. Da draußen ist nichts, aber auch wirklich gar nichts. Wenn man ein Elektron wäre - das ist ja schon mal ein Gedankenexperiment der ganz besonderen Sorte - und bewegt sich am Rande eines Galaxienhaufens, dann trifft man alle 22 Millionen Jahre ein anderes Elektron. Wenn man das ein bisschen auf die menschliche Ebene herunter bringt, dieses Universum, dann hat es Eigenschaften, die sind einfach unmenschlich.

Aber es hat die Eigenschaft, dass es die Grundlage unseres physikalischen Daseins bildet. Und es hat vor allen Dingen eine Geschichte: Das Universum expandiert, das heißt, der Raum im Universums expandiert. Aber es bildeten sich relativ kurz nach dem Anfang, wir rechnen heute so 50 bis 60 Millionen Jahre nach dem Anfang, bereits die ersten Materien-Inseln, die sich von der allgemeinen Expansion des Universums entkoppelt haben.

Während das Universum sich ausbreitete, der Raum sich ausbreitete, machten sich an verschiedenen Orten des Universums ganz neue Kräfte bemerkbar, die bis dahin offenbar nirgendwo sonst die Oberhand gewonnen hatten. Es sind die Gravitation einerseits und andererseits die Kräfte, die dann dazu geführt haben, dass diese Inseln der Materie Licht gebaren.

Das Universum ist expandiert. Es kühlte sich ab und während dessen hat die Materie an verschiedenen Stellen im Universum ihr „eigenes Ding gemacht". Die Materie hatte eine solche Überdichte, um es genau zu formulieren, dass sie unter ihrem eigenen Gewicht anfing, zusammen zu fallen. Zunächst ganz, ganz langsam, aber schnell genug - jetzt kommt es - aber schnell genug, um der allgemeinen Expansion mindestens die Waage zu halten. Später fiel die Materie dann sogar schneller zusammen als das Universum expandierte.

Das ist ein ziemlich wichtiger Punkt. Wenn das Universum zum Zeitpunkt der Galaxien-Entstehung zu schnell expandierte wäre, dann hätte die Materie gar keine Chance zur Bildung von Galaxien gehabt, dann hätte es keine Sterne gegeben, keine großen Inseln der Sterne, keine Planeten und damit auch keine Lebewesen.

Wenn die Dinge nicht so gekommen wären, wie sie gekommen sind, dann würde es uns gar nicht geben. Galaxien entstanden nur deshalb, weil sich an verschiedenen Plätzen im Universums Überdichten gebildet hatten, also Gas, das etwas dichter war als seine Umgebung, und diese Überdichten schneller kollabierten als das Universum expandierte. Hier ist ein ganz feines Balancespiel – die Kräfte, die für die Expansion zuständig sind und die Kräfte, die für die Bildung von Galaxien zuständig sind.
Der Rest ist eigentlich ganz schnell erzählt. Da, wo natürlich die Überdichten waren, wurde es immer dichter und dichter, die Schwerkraft zog immer mehr Material zu sich, und so entstanden Inseln der Materie, wo die vorher so gleichmäßig verteilte Materie im Universum sich systematisch hineinbewegte. Praktisch war es so, dass sich durch die Materie, durch die kollabierte Materie gewissermaßen Rinnsale in der Raumzeit ausbildeten. In diesen Rinnsalen floss mehr und mehr Materie. Aus den Rinnsalen Bächlein, aus den Bächlein Flüsse, und zu guter letzt wurden daraus Ströme. Materieströme, die da hinausflossen, natürlich auf Kosten des intergalaktischen Mediums, des Materials zwischen den Galaxien. Der Raum entleerte sich und nur an den Wänden zwischen den großen Leerräumen entstanden Galaxien, entstanden Galaxienhaufen und damit die Inseln des Lichts. Dass das Universum heute so aussieht, wie es aussieht, ist kein Wunder, sondern es ist das Resultat der Kraft, die zur Schwere gehört, der Schwerkraft. Dadurch, dass sich hier und da Materie verdichtete, musste sich der Raum entleeren. Es gibt gar keine andere Möglichkeit, denn das Geheimnis der Schwerkraft besteht darin, dass sie nicht abgeschirmt werden kann. Es ist eben nicht so wie bei positiven und negativen Ladungen. Die können sich ausgleichen. Da ist ein elektrisches Feld. Wenn es so viel positive wie negative Ladung gibt, ist das System neutral. Aber so eine Neutralität gibt es für Gravitation nicht. Gravitation ist immer und unter allen Bedingungen anziehend.

Wenn es mal passiert, dass in irgendeinem Bereich mehr Materie da ist als in seiner Umgebung, dann zieht dieser Bereich systematisch Materie zu sich heran. So haben wir heute ein Universum, von dem man sagen kann, 75 Prozent sind Leerräume, und an den Wänden dieser Leerräume haben sich Filamente gebildet, Strukturierungsphänomene in einem Universum, das gerade die richtige Expansionsgeschwindigkeit hatte, so dass sich in den Frühphasen genügend Galaxien bilden konnten.

Was für Galaxien sind denn das? Wieso heißen die „Inseln des Lichts?“

Galaxien sind im Grunde genommen nichts anders als große Produktionsstätten, Brutstätten von Sternen. Deswegen sind sie tatsächlich „Inseln des Lichts.“ Denn während sich die Galaxien bildeten, hatte sich das Universum schon so weit abgekühlt, dass das sichtbare Licht nicht mehr zum Universum dazugehörte. Die Hintergrundstrahlung, die zur kosmischen Expansion gehörte, war in der Zeit nach der großen Entkoppelung zwischen Materie und Strahlung ganz langsam vom Optischen ins Infrarote gerutscht und war gerade dabei, in den Millimeterbereich herunterzuschießen. Die ist nicht mehr sichtbar. Das ist Radiostrahlung.

In dieser Phase bildeten sich Inseln des Lichts, Galaxien, durch die Wirkung der Schwerkraft. Das Material stürzte in sich zusammen und bildete Gaswolken aus. In den Gaswolken bildeten sich Sterne „ fiat lux“ es wurde Licht, zum ersten Mal.

Die ersten großen Sterne waren da und in ihnen wurden Elemente erbrütet. Aus diesen Elementen haben sich Planeten gebildet und möglicher Weise hier und da und dort auch Lebewesen und ganz, ganz möglicher Weise hier und da und dort sogar intelligente Lebewesen.

Aber zurück zu den Galaxien.

Es gibt verschiedene Formen von Galaxien. Es gibt Spiralgalaxien, genauer Scheibengalaxien, die sich sehr schnell drehen, zweihundert bis dreihundert Kilometer pro Sekunde.

Dann gibt es runde Galaxien. Man spricht von elliptischen Galaxien, weil sie nicht rund wie eine Kugel sind, aber doch fast wie eine Kugel.
Dazwischen stehen die linsenförmigen Galaxien.
Es gibt also Kugeln, Linsen und Scheiben, und dann gibt es noch eine Klasse – das ist etwas ganz anderes – das sind sozusagen alle die, die keine gescheite Form haben. Das sind die irregulären Galaxien. Und es gibt noch die Zwerggalaxien, viele, kleine Zwerggalaxien.
Das ist überhaupt das Interessanteste, die Bildung dieser Inseln des Lichts, zum Beispiel unsere Milchstraße, also der Galaxie, in der unser Sonnensystem steckt. Die ist nicht aus einer einzigen Gaswolke entstanden. Nach allem, was wir wissen, nach allem, was unsere Beobachtung so hervorbringt, passiert die Galaxien-Entstehung nicht aus einer großen Wolke, die langsam kollabiert, sondern aus vielen kleinen Wölkchen, aus denen kleine Galaxien geworden sind. Zunächst einmal Zwerggalaxien. Diese Galaxien haben sich in einem Verschmelzungsprozess zu einer großen Galaxie entwickelt. So lassen sich die verschiedenen Formen der Galaxien auch gut erklären. Der Aufbau von großen Galaxien aus kleinen Galaxien ist das, was man heute „hierarchische Strukturbildung“ nennt. Von den ganz kleinen Objekten bauen sich immer größere und größere auf. Das macht auch Sinn.
Erst einmal hat man ein Objekt. Die Gravitation dieses einen Objektes zieht ein anderes zu sich, und so weiter und so fort. Das Geheimnis ist jetzt nur, herauszufinden, wie das eigentlich passiert ist. Wieso gibt es Scheibengalaxien, in denen sich alles in einer Ebene dreht? So ein bisschen wie in unsrem Sonnensystem. Alle Planeten sind ja fast in einer Ebene, bewegen sich in einer Richtung um die Sonne.
Wenn diese Galaxien, diese großen Galaxien wie unsere Milchstraße sich aus vielen kleinen Galaxien zusammengebaut haben, wie konnte es dann passieren, dass sie praktisch alle die gleiche Drehrichtung haben?
Die elliptischen Galaxien sind sehr große Gebilde. Sie dre-

hen sich aber praktisch nicht. Sie sind zwar sehr schön rund, mit viel Masse und stehen häufig im Zentrum von Galaxienhaufen. Aber sie drehen sich praktisch nicht. Warum sind die so rund?
Offenbar bewegen sich in den elliptischen Galaxien die Sterne ganz ungeordnet wie in einem Bienenschwarm mit schwachen Geschwindigkeiten von 250 Kilometern pro Sekunde. Die Rotationsgeschwindigkeit der Ellipse ist aber nur 50 Kilometer pro Sekunde. Deswegen ist sie so schön rund. Bei den Scheibengalaxien liegt die Schwarmgeschwindigkeit, die ungeordnete Geschwindigkeit der Sterne in der Größenordnung von 10 Kilometern pro Sekunde. Aber die Rotationsgeschwindigkeit sind 250 bis 300 Kilometer pro Sekunde. Deswegen sind sie rotierende Scheiben. Und da gibt es eben die anderen, die dazwischen liegen.
In jedem Fall sind Galaxien Lichtinseln. Das heißt, da wird die Menge an Licht erzeugt, die wir Astronomen deuten. Unsere Milchstraße zum Beispiel, um mal eine Zahl zu nennen, ist möglicher Weise, so genau weiß man das gar nicht, das Resultat einer Verschmelzung von 500 bis 2.000 Zwerggalaxien. Es können auch ein paar mehr oder weniger gewesen sein.
Die Tatsache, dass diese radikalen Verschmelzungsprozesse von kleinen Galaxien tatsächlich zum Aufbau von großen Galaxien führen, sieht man in den Galaxienhaufen. Da zeigt sich nämlich Folgendes: Im Zentrum von Galaxienhaufen stehen im Allgemeinen große, runde elliptische Galaxien. Da fallen sogar teilweise heute noch Zwerggalaxien rein. Das kann man richtig beobachten, wie die Zwerggalaxien in dieses riesige Gravitationspotential der Zentralellipse hineinknallen.
Je weiter man sich jetzt vom Zentrum des Galaxienhaufens entfernt, umso mehr und mehr Scheibengalaxien sieht man. Zwischen den elliptischen Galaxien und den Scheibengalaxien, sind die linsenförmigen Galaxien. Das sind Galaxien, die praktisch kein Gas mehr besitzen, aber Sterne. Das

Ganze in einer Scheibe, aber in einer verdickten Scheibe. Die elliptischen Galaxien innen drin, die haben überhaupt kein Gas mehr. Die haben ganz offenbar in einem riesigen Sternen-Entstehungs-Ausbruch alle Sterne auf einmal gemacht.
Draußen allerdings, im großen Abstand von einem Galaxienhaufen, da sind die Scheibengalaxien. Sie sind Stern- und Gasscheiben. In diesen Scheibengalaxien vollzieht sich noch heute der Prozess der Sternentstehung, der immer wieder neu angefachten Sternentstehung, aus dem Elemente produziert werden, aus denen irgendwann auch mal Lebewesen werden.
Galaxien, um noch einmal darauf zurückzukommen, sind das Ergebnis von Eigenschaften des gesamten Kosmos, wenn es um seine Expansionsgeschwindigkeit geht. Er musste, er durfte nur in einer gewissen Art und Weise expandieren, sonst wären die Galaxien gar nicht entstanden. Sie sind aufgebaut aus vielen kleinen Subunternehmen, aus vielen kleinen Zwerggalaxien.
Die Wechselwirkung von Galaxien untereinander findet sich hervorragend in den Galaxienhaufen bestätigt, die wiederum letztlich auch eine Darstellung der so genannten Strukturbildung in Form einer Hierarchie und zwar von oben nach unten sind.
Galaxienhaufen entstehen heute noch, weil nämlich immer wieder Gebiete im Universum auftauchen, in denen die Dichte größer ist als in der Umgebung. So bewegen sich Galaxien aufeinander zu. Es entsteht ein großer Strom von Materie hin zu mehr und mehr Galaxienhaufen. So bewegt sich, obwohl das Universum expandiert, unsere Milchstraße auf die Andromeda-Galaxie zu. Die beiden Galaxien bewegen sich mit den anderen Galaxien der lokalen Gruppe in Richtung eines großen Galaxienhaufens, des „Virgohaufens." Dieser große Haufen bewegt sich wiederum auf den „Großen Attraktor," eine große Wand von Galaxien, von Galaxienhaufen, von Galaxien-Superhaufen.

Sie sehen also, das Universum ist nicht zu Ende. Die Entstehung von Galaxien bringt uns eigentlich erst auf den Weg dahin, wie sich am Anfang tatsächlich Materie im Universum strukturiert hat.

Der Tanz der Galaxien

Die ganze Welt ist eine einzige Wechselwirkung. Das klingt zunächst einmal ziemlich merkwürdig, aber es ist genauso gemeint. Das Universum als ganzes ist ein riesiges Geflecht von Wirkungen untereinander. Da wirkt das eine auf das andere. Es gibt nur eine, offenbar nur eine, eine einzige Angelegenheit, die sich von überhaupt nichts irgendwie beeinflussen lässt, das ist die Expansion. Das ist sozusagen der lange ruhige Fluss, der immer und immer weiter das Universum auseinander treibt, der das Universum abkühlt.
Aber innerhalb des Universums, da vollzieht sich das, was ich als „Brot und Butter Astrophysik“ bezeichnen möchte. Da kann man richtig was machen, da kann man richtig was lernen aus dem, was da beobachtet wird. Und zwar kann man vor allen Dingen lernen, dass Gravitation, also Schwerkraft, eine sehr große Reichweite hat. Um es präzise zu formulieren, hat die Gravitation eine unendliche Reichweite. Es gibt keine Ladung, die die Gravitation abschirmt, die Gravitation wirkt und wirkt und wirkt. Natürlich wird sie immer schwächer, das ist klar. Sie geht mit dem Quadrat des Abstandes in die Knie, das heißt, sie wird tatsächlich immer schwächer. Aber im Prinzip wirkt sie und zwar überall. Jeder Körper, der Masse hat, wirkt auf andere Körper, die ebenfalls Masse haben. Es gibt keine Körper, die keine Masse haben.
Der Tanz der Galaxien, man hätte es auch „Sex and Crime and Rock'n Roll unter den Galaxien“ nennen können. Dieser Tanz der Galaxien ist eines der phänomenalsten Ereignisse, die sich im Universum abspielen. Das passiert auf ganz unterschiedliche Art und Weise.
Da gibt es einen ganz langsamen Dreivierteltakt, wenn Ga-

laxien in großer Entfernung aneinander vorbeiziehen. Was passiert dann? Beide Galaxien spüren von einander. Spüren? Ja, so wie die Erde den Mond spürt, spürt der Mond die Erde. Die beiden Körper sind durch ihre gegenseitige Massenanziehung in diesem Strukturgebilde „Erde-Mond“ verstrickt. Das führt dazu, dass auf Erde und Mond nicht nur die Gravitation des jeweils anderen wirkt, sondern dass durch die Bewegung umeinander zum Beispiel die Gezeitenkräfte auf der Erde spürbar sind.
Die Gezeitenkraft kommt dadurch zustande, dass sich die beiden Objekte Erde und Mond nicht um einen Schwerpunkt drehen, der genau im Mittelpunkt der Erde sitzt. Der Grund: Der Mond hat eine gewisse Masse, immerhin ein Achtel der Erdmasse. Diese Masse zieht an der Erde, so wie die Erde am Mond zieht, so dass der gemeinsame Schwerpunkt, um den sich Erde und Mond drehen, knapp 2.000 km unter der Erdoberfläche, aber eben nicht in ihrem Mittelpunkt liegt. Das heißt, die Erde wird immer zum Mond hin deformiert und entspannt sich wieder, immer wieder hin und her. Das sind etwa so 30 Zentimeter rauf und runter, rauf, runter. Mit einer gewissen Verzögerung kommt auch das Wasser, die Wasserwelle. Wenn Sie mal an der Nordsee waren, dann wissen Sie das. Das Wasser ist weg, kommt aber 6 Stunden später wieder zurück.
Diese Gezeitenkraft, dass Massen untereinander einen Drehmoment aufeinander ausüben, hat zum Beispiel bei Erde und Mond dazu geführt, dass der Mond uns immer die gleiche Seite zeigt. Der Mond ist in seiner Drehung synchronisiert. Das passiert natürlich bei Galaxien nicht. Die Rotation der Erde um ihre Achse hat sich dadurch auf die heute aktuellen 24 Stunden pro Drehung abgebremst. Beides zeigt: Die Wechselwirkung von schweren Körpern untereinander hat Auswirkungen auf die beiden, die sich da anziehen. Nicht dass die einfach aufeinander stürzen, das machen die nicht, sondern sie üben sozusagen Druck auf den anderen aus. So ist es auch bei den Galaxien, wenn sie sich

in großen Abständen von Millionen und aber Millionen von Lichtjahren aneinander vorbei bewegen.
Bei diesen gewaltigen Abständen, werden Sie jetzt vielleicht denken, kann die Gravitation nicht mehr besonders stark sein. Stimmt nicht. Galaxien sind ja auch sehr schwer. Galaxien haben durchaus bis zu einer Billion Sonnenmassen. Da steckt schon richtig was drin. So bewegen sich also Galaxien umeinander herum und fangen an zu tanzen, wenn eine Galaxie in den Einflussbereich einer anderen Galaxie kommt.
Jetzt hängt es davon ab, was diese Galaxien vor diesem Tanz schon erlebt haben. Wenn es sich um zwei reine Sternkugeln handelt, also sagen wir mal, zwei kleine Zwergellipsen, die aus nichts anderem mehr bestehen als aus Sternen, dann kann es sein, dass diese beiden Zwergellipsen einfach verschmelzen und zu einer größeren Zwergellipse werden. Nicht besonders groß, aber immerhin. Eine neue Sternkugel ist entstanden. Es ist ein großes Durcheinander und das war's. Es konnte nicht viel passieren. Warum nicht? Es war kein Gas mehr da. Das Gas, der Gasanteil ist das Entscheidende. Der macht den Sex aus bei diesem Tanz der beiden Galaxien. Wenn man nämlich eine Galaxie nähme, die eine Gasscheibe ist, und eine andere, schwere Galaxie, eine große elliptische Galaxie, an ihr vorüber zöge oder umgekehrt, die Gasscheibe zöge an der elliptischen Galaxie vorüber, und die elliptische ist schwerer als die Gasscheibe, dann würde aus der Gasscheibe Gas gezogen. Was passiert dann?
Dann bilden sich große Gezeitenbrücken aus. Große Gasbrücken aus neutralem Wasserstoff durchziehen das intergalaktische Medium und laufen phasenverschoben, so wie die Gezeitenwellen bei Erde und Mond, von einer Galaxie in die andere hinein und füttern die vorher möglicher Weise völlig gaslose Sternenkugel. Der Gasstrom von einem Begleiter füttert einen neuen „SternEntstehungs-Ausbruch."

Wenn Sie sich vorstellen, die Galaxie war vorher völlig leer von Gas, ich meine damit, es war immer ein bisschen da, es ist immer etwas Gas da. Es ist gleich verteilt, es gibt Sterne und sonst nichts.
Jetzt wird durch die Gezeitenkraft Material von einer Galaxie in die andere hineingezogen. Das kann sogar so weit gehen, dass zwischen Galaxien, die untereinander in sehr, sehr starker Wechselwirkung stehen, ein Gasstrom angetrieben wird, der auf dem Weg von einer Galaxie zur anderen, in der Zwischenzeit so gut wie gar keine Sterne macht, sondern einfach rabiat und unglaublich schnell in das Zentrum der benachbarten Galaxie hineinfällt und in deren Zentrum zum Beispiel ein supermassives Schwarzes Loch füttert. So etwas gibt es tatsächlich, dass innerhalb von wenigen Millionen Jahren Material von einer Galaxie zur anderen strömt, und sich auf dem Weg dahin keine Sterne bilden, sondern lediglich das Zentrum der Galaxie angefeuert wird. Galaxien und Schwarze Löcher brauchen Gas, um ihre Umgebung zu erleuchten. Schwarze Löcher selber sind ja dunkel. Die zeigen keinerlei elektromagnetische Emission, so sind sie definiert. Auf diese Art und Weise, wenn sie irgendwann ihre Umgebung komplett leer gefuttert haben, sieht man vom Schwarzen Loch nichts mehr. Man spürt es nur noch, wenn man in die Nähe kommt, aber man sieht nichts mehr.
So geschieht es, dass in besonders intensiv wechselwirkenden Galaxien, also solchen, die einen sehr engen Tanz mit ihren Nachbarn tanzen, immer häufiger im Inneren Ausbrüche von supermassiven, also sehr schweren Schwarzen Löchern beobachtet werden. Das sind richtig große Schwarze Löcher, nicht solche, wie sie bei den Sternen stehen, das sind ja nur ein paar Sonnenmassen, sondern Schwarze Löcher mit der Masse bis zu einer Milliarde, sogar teilweise drei Milliarden Sonnenmassen. Solche Objekte können nur durch die Wechselwirkung mit anderen Galaxien anwachsen. Durch die Wechselwirkung mit anderen Galaxien sam-

melt sich immer mehr Material in einer der beiden Galaxien, möglicher Weise auch in beiden Galaxien.
Was wir bei dem System Erde-Mond beobachten, die Gezeitenkraft, das hat bedeutende Konsequenzen für die Entwicklung von Galaxien. Wenn eine Galaxie irgendwo im Universum ganz allein herum liegt, weit weg von allem, was soll die denn machen? Da werden aus Gas Sterne. Und dann ist Feierabend, wenn das ganze Gas verbraucht ist. Diese Galaxien werden einfach vergehen.
Dort allerdings, wo Galaxien sich näher kommen, wo der Tanz der Galaxien getanzt wird, da ist ständig was los. Es kommt zu – ich werde mal einen Fachausdruck verwenden – „nicht axialsymmetrischen Störungen." Drehmomente werden ausgeübt. Der eine dreht an dem anderen. Jeder versucht, den anderen zu sich zu ziehen. Dieses „Jeder gegen Jeden" führt zu Störungen. Und diese Störungen führen dazu, dass Material, was eigentlich zwischen den Galaxien da war, auf einmal anfängt, loszuströmen und Galaxien, die längst ausgebrannt wären, wenn es die Gezeitenkräfte nicht gäbe, wieder neu zu befeuern.
So gibt es auch Strukturen, die im Universum nur dadurch verständlich werden, weil es diesen Tanz der Galaxien gibt. Ich kann Ihnen zum Beispiel schildern, wie die Zukunft aussieht, die Zukunft in vier Milliarden Jahren. Das hat Sie schon immer interessiert, nehme ich an. Das ist die wirklich langfristige Entwicklung. Man redet immer gerne davon, das Universum würde expandieren und alles fliegt auseinander. Alle Galaxien bewegen sich von uns weg. Das stimmt nicht. Das ist falsch. Gerade in unserer näheren kosmischen Nachbarschaft deutet sich jetzt schon etwas an. Und in vier- bis viereinhalb Milliarden Jahren wird es richtig krachen.
Wir haben eine Nachbargalaxie, Andromeda, 2,25 Millionen Lichtjahre von uns entfernt. Auch so ein Riesenteil wie unsere Milchstraße, eine schöne, große Spiralgalaxie, eine große Scheibe, die sich dreht, wunderschön, riesig steht sie am Himmel. Diese beiden Galaxien, unsere Milchstraße und

Andromeda, bewegen sich aufeinander zu, mit einer Geschwindigkeit von 600 Kilometern pro Sekunde.
600 Kilometer pro Sekunde ist bei einer Entfernung von 2,25 Millionen Lichtjahren nicht wirklich schnell, aber es ist schnell genug, dass man ausrechnen kann, was in den nächsten Milliarden Jahren passieren wird.
Die Andromeda Galaxie und die Milchstraße werden miteinander nicht diesen leichten Tanz, weit weg voneinander aufführen. Nein, sie werden richtig miteinander verschmelzen. Das wird sozusagen ein Tango, aber ein ganz enger. Die beiden Galaxien werden sich sogar durchdringen. Das geht, das ist kein Problem. Das liegt daran, dass die Galaxien ziemlich leer sind. Der Abstand zwischen den einzelnen Sternen beträgt ja Lichtjahre. Wenn Galaxien sich durchdringen, wenn sie also einen ganz, ganz engen Tanz tanzen, dann ist das nicht so, dass die Sterne aufeinander stoßen. Die merken kaum etwas voneinander.
Was diese Galaxien voneinander spüren, sind ihre gegenseitigen Schwerkraftfelder. Die Schwerkraft wird aus den Sternen aufgebaut und aus der Dunklen Materie, von der zehnmal mehr da ist. Die Teile der Galaxien, die sich zuerst spüren werden, sind die Dunkle Materie Halos der Milchstraße und von Andromeda. Die werden irgendwie, anders kann ich es nicht formulieren, weil wir es so genau noch nicht wissen, miteinander verschmelzen.
In diesem verschmolzenen Dunklen Materie Halo werden die beiden sichtbaren Scheiben zu einem großen Tango zusammen kommen. Diese Scheiben werden sich durchdringen, und dann wird etwas ganz Irres passieren: Andromeda wird durch die Milchstraße hindurch fliegen und dann durch die Schwerkraft der Milchstraße wieder in Richtung Milchstraße zurückgezogen. Es wird ein Pendelvorgang werden. Am Ende dieses Pendelvorgangs wird wahrscheinlich eine große elliptische Galaxie entstehen.
Aus den schönen beiden Scheiben, Milchstraße und Andromeda, ist eine große elliptische Galaxie geworden.

Die ganzen Begleiter, beide Galaxien haben ja Begleiter, werden wahrscheinlich in dieser riesigen Party mit verarbeitet. Die vielen kleinen Zwerge, die Zwerggalaxien, die in der Nähe noch herum fliegen, die werden wahrscheinlich einfach von den großen Dunkle Materie Halos eingefangen und mit eingeschmolzen. Eingeschmolzen in dem Sinne, dass sich die Strukturen verbinden. Am Ende wird eine große Galaxie übrig bleiben.
Das ist das Schicksal von allen großen Galaxienhaufen. Die ganzen Bewohner, die es da noch so gibt, werden im Laufe der nächsten Milliarden Jahre miteinander verschmelzen. In einem einzigen, großen Tanz der Galaxien bilden sich immer größere und größere Kugeln aus.
Wie lange das Universum wirklich noch leuchten wird, das hängt ein bisschen davon ab, wie der Charme der Galaxien untereinander ist. Der Charme beim Tanzen, der besteht unter anderem auch darin, dass einer führt, und der andere nachgibt, nämlich darin, dass eben tatsächlich etwas passiert, zwischen den beiden. Was da passiert, hängt davon ab, wie viel Gas es noch im Universum gibt, wie viel Gas noch in die Galaxien hineingezogen werden kann. So lange es genügend von diesem Material gibt, wird es immer Inseln des Lichts geben, die in einem wirklich phantastisch anzuschauenden Tanz der Materie immer neue und neue Strukturen schaffen.

uni
auditorium

DAS UNIVERSUM

Der Kreislauf der Materie

3

- Sterne und Kerne
- Das Leben und Sterben der Sterne
- Der große Kreislauf der Materie
- Von Scheiben und Kugeln

STERNE UND KERNE
Die Energie der Sterne scheint unerschöpflich. Woher kommt diese Energie? Nur ein fein abgestimmtes Gleichgewicht der Kräfte macht es möglich, dass unsere Sonne „scheint“. Wieso sind Sterne so groß? Ein Stern ist ein gigantischer Kernreaktor in dem Kerne miteinander verschmelzen.

DAS LEBEN UND STERBEN DER STERNE
Sterne sind Gaskugeln, ihr Material entstammt großen Gaswolken. Woher kommen diese Wolken und wie entstehen in ihnen Sterne? Was passiert, wenn die Energiequellen eines Sternes versiegen? Gibt es stellare Leichen?

DER GROSSE KREISLAUF DER MATERIE
Bis auf Wasserstoff und Helium werden alle Elemente in Sternen erzeugt. Große Explosionen drücken die Erzeugnisse der Sterne ins Medium zwischen den Sternen. Der große Materie-Kreislauf setzt ein. Sind wir alle Sternenstaub?

VON SCHEIBEN UND KUGELN
Sind viele Sterne von Planeten umgeben? Wie bilden sich Planeten aus Gas und Staub? Ist unser Sonnensystem etwas Besonderes?

Sterne und Kerne

Kerne und Sterne. Das ist ein ziemlich harter Ritt, das ist ein schwieriges Thema. Im Grunde genommen geht es um etwas Einfaches. Schwierig ist es deshalb, weil es Astronomie, die Objekte am Himmel, die Sterne, die Lichtspender, mit einer Physik verbindet, mit der man im Allgemeinen eher nichts zu tun haben will, mit der Kernphysik.

Unter Kernphysik verstehen wir häufig etwas völlig Falsches. Da wird ja immer nur mit Atomkraftwerken argumentiert. Hier geht es aber um Sterne. Wie funktioniert überhaupt ein Stern? Wie kommt das Licht in einem Stern zustande? Kommt es da zustande, wo wir es sehen, also an der Oberfläche, oder kommt es von wo ganz anders her? Und wenn ja, wie wird es da gemacht?
Diese Geschichte beginnt eigentlich im 19. Jahrhundert. Da hat man sich zum aller ersten Mal gefragt:
„Wie lange lebt denn eigentlich unsere Sonne schon?“
Eine einfache Frage. Da gab es die einen, die haben gesagt, da brauchen wir nur in der Bibel nachzugucken, wie lange die Erde schon da ist. Die Sonne wird wohl genau so alt sein. Das werden so ein paar tausend Jahre sein. Altes Testament bis heute gerechnet, sagen wir mal, so 6.000 Jahre, knapp. Da wurde sogar ein genauer Tag genannt, an dem die Welt entstanden ist, morgens um neun, in Babylon. Also Babylon war schon vorher da. Sie merken schon, ich nehme das nicht so ganz ernst.
Was aber viel ernster zu nehmen ist, ist die naturwissenschaftliche Frage, woher denn die Sonne tatsächlich ihre Energie bezieht? Denn offenbar war die ja schon da. Sie ist die Lebensspenderin, sie ist die Energiespenderin für das, was auf der Erde passiert. Also, woher kommt diese Energie?
Nun, im 19. Jahrhundert hat man sich Gedanken gemacht. Auf der einen Seite die Geowissenschaftler, die Erdwissenschaftler, die haben sich zum aller ersten Mal zu diesem Zeitpunkt richtig nennenswert Gedanken darüber gemacht und fragten sich:
„Wie kommen eigentlich diese ganzen Formationen auf der Erde zustande? Woher kommen die Schluchten? Woher die Gebirge?“
Dann fingen sie an, die Dinge genauer zu beobachten. Dabei stellten sie fest: Das dauert alles, das dauert lange, bis so eine tiefe Schlucht wirklich von einem Fluss ausgegra-

ben ist, da vergehen Hunderttausende von Jahren, Millionen von Jahren. Und bis so Gebirge irgendwie zusammengeschoben worden sind, auch das dauert Hunderte von Millionen Jahre.
So forderten die Geowissenschaftlicher relativ früh – und zwar aus dem Prinzip des Aktualismus, dass nämlich das, was wir jetzt auf der Erde an Erdbewegungen sehen, dass das genau die gleiche Art von Physik ist, die auch früher schon der Fall war. Aus diesem Prinzip des Aktualismus, dass wir aus dem Heute über das Gestern etwas lernen, forderten die Geowissenschaftler, dass die Erde einige hundert Millionen Jahre alt sein müsste.
Man fand zu diesem Zeitpunkt mehr und mehr Fossilien, die ebenfalls belegten, dass das Leben auf der Erde auch schon einige hundert Millionen Jahre existierte. Also muss die Sonne ebenso einige hundert Millionen Jahre alt sein. Die Geologen haben gesagt, das müssen Milliarden Jahre sein. Und die Physiker? Die sagten:
„Das können wir nicht bestätigen. Wir wissen nur, die Sonne ist ein Gasball."
Das wusste man damals schon. Man wusste von den Temperaturen ihrer Oberfläche. Man konnte schon mit Teleskopen und dem zerlegten Licht hinter den Teleskopen, den Spektrographen, viel über die physikalischen Eigenschaften der Sonne sagen. Man wusste, welche Elemente da waren. Man wusste, welche Leistung die Sonne bringt.
Die Physiker wussten auch, wie viel Leistung die Sonne insgesamt und maximal zur Verfügung haben könnte. Denn sie hatten sich Folgendes überlegt: Die einzige Energiequelle, die die Sonne haben kann, ist ihre eigene Schwere. Diese Schwere, die drückt auf den inneren Kern, daraus ergibt sich ihre Temperatur. Das zusammengedrückte Gas wird heiß. Deshalb strahlt die Sonne. Dann hat man das ausgerechnet: Wie lange kann die eigene Schwere der Sonne diese Temperatur erzeugen. Das Ergebnis: höchstens 90 Millionen Jahre.

Die Geologen sagten, niemals! Nie, das kann man vergessen! Wir brauchen viel mehr Zeit. So ergab sich aus der Diskussion zwischen den Wissenschaften die Frage: Woher nimmt die Sonne, ein Stern, woher nimmt ein Stern eigentlich seine Energie?
Heute wissen wir das. Wir wissen es deshalb, weil wir Teilchen gemessen haben, die man fast nicht messen kann. Diese Teilchen kommen aus dem innersten Kern des Sterns, die Neutrinos.
Jetzt, wo Sie diese Zeilen lesen, wird jeder Quadratzentimeter Ihres Körpers von Billiarden Neutrinos durchschossen. Sie merken nichts, gar nichts. Die Neutrinos sind nämlich Teilchen, die so gut wie keine Wechselwirkung haben. Aber sie entstehen. Sie haben ein bisschen Wechselwirkung, aber die ist ganz schwach.
Diese Neutrinos gehören zu der so genannten „Schwachen Wechselwirkung." Merken Sie sich das: „Schwache Wechselwirkung," das brauchen wir noch.
Ein Stern hat seine Energiequelle in der Verschmelzung von Atomkernen, in der Fusion. Dabei wird Energie frei. Und bei diesem Verschmelzungsprozess wird nicht nur Energie frei in Form von elektromagnetischer Strahlung, sondern es werden eben auch Neutrinos freigesetzt. Aber dazu später. Jetzt wollen wir uns diese Verschmelzung mal ansehen. „Verschmelzung von Atomkernen" heißt im Universum im Allgemeinen zunächst einmal Verschmelzung von Wasserstoff, denn Wasserstoff ist das häufigste Element im Universum. Wasserstoff ist ganz einfach. Erinnern Sie sich noch an das Periodensystem? Das erste Element im Periodensystem ist Wasserstoff. Er besteht im Kern aus einem Proton. Und wenn Wasserstoff als neutrales Atom existiert, dann kreist um dieses eine Proton ein Elektron.
Die Verschmelzung von zwei Wasserstoffatomen zu einem Wasserstoff-Isotop, dem Deuterium, das ist nicht so einfach, denn eigentlich stoßen sich zwei Protonen ab. Klar, die haben ja beide die gleiche Ladung. Gleichnamige Ladung

stoßen sich ab und zwar umso stärker, je näher sie sich kommen. Es muss also schon ein gewaltiger Druck im Inneren eines Sterns herrschen, dass sich zwei gleichnamige Ladungen so nahe kommen, dass – und jetzt kommt der nächste Begriff – eine neue Kraft zuschlägt, „die Kernkraft.“ Wir haben die elektromagnetische Wirkung, das ist das Abstoßen der beiden Kerne. Wir haben die starke Kernkraft, das ist das Anziehen von Kernbausteinen. Die arbeitet praktisch wie ein Tentakel. Sobald man in der Reichweite des Tentakels ist, zack, werden die Atomteilchen zusammengezogen. Dann passiert etwas Unglaubliches. In einem winzigen Moment sind zwei Protonen zusammen, und eines der beiden Protonen verwandelt sich durch die schwache Wechselwirkung in ein Neutron. Man bekommt also einen Kern aus einem Proton und einem Neutron, ein Deuterium-Isotop. Das Verschmelzen von zwei Deuterium-Isotopen führt zum Helium. Es gibt noch ein paar andere Gänge dazwischen. Es gibt noch ein paar andere Möglichkeiten, dass ein weiteres Proton angedockt wird. Das ist für unsere Fragestellung aber völlig irrelevant.

Wichtig am Ende eines solchen Fusionsprozesses, an dem alle wesentlichen Kräfte beteiligt sind, ist nämlich:

1. die Gravitation, die diesen Gasball zusammen hält
2. die elektromagnetische Abstoßung, die diesen Prozess so ineffizient macht – merken Sie sich das, wir kommen gleich noch mal dazu –
3. die starke Wechselwirkung, die diese Atomkerne zusammen hält und
4. die schwache Wechselwirkung, die einen Teil davon sich wieder verwandeln lässt.

Alle vier Wechselwirkungen sind daran beteiligt. Am Ende kommt ein Helium-Atomkern heraus. Helium - zwei Protonen, zwei Neutronen. Diese vier Teilchen im Heliumkern sind zusammen leichter, als die vier Teilchen, die es zusammenbauen. Eins plus eins plus eins plus eins ist nicht vier in der Kernphysik. Nein. Es wird nämlich Bindungsenergie frei.

Das was ich eben beschrieben habe, diese Tentakel, wenn die sich zusammenzieht, wenn der Kern sich zusammenzieht, dann ist er stabiler als die Einzelteilchen alleine. Das heißt, der Energieverlust, den man hier in Energiemasseverlust messen kann - Einstein lässt mit $E=mc^2$ grüßen - das ist das, was wir an der Oberfläche der Sonne tatsächlich sehen können.
Die Sonne ist durch die Fusion des Wasserstoffs zu Helium schon viel leichter geworden. Sie verliert vier Millionen Tonnen pro Sekunde. Sie setzt eben unglaublich viel davon direkt in Strahlung um. Nur das, worüber ich gerade gesprochen habe, was im Inneren des Sterns, der Sonne, unseres Sterns, abläuft, ist zunächst einmal nur Theorie gewesen.
Erst die Entdeckung der Neutrinos, die bei den ganzen Kernreaktionen auftauchen, die haben klar gemacht, dass unsere Vorstellungen über das Innere des Sterns nicht völlig falsch sein können. Um es mal so zu sagen: Sie wissen ja, wir können in den Naturwissenschaften nichts verifizieren, wir können nur feststellen, ob etwas nicht falsch ist – falsifizieren eben. Je stärker eine Theorie sich bestätigt, durch Experimente oder durch Beobachtung, umso näher kommt sie der Wahrheit. Aber ob es wirklich die Wahrheit ist, das wissen wir nicht. Wir können immer nur sagen: Es ist nicht falsch. Wir können nicht sagen, ob etwas wahr ist.
Seitdem wir zum ersten Mal wirklich Neutrinos aus dem Kern des Sterns, aus unserer Sonne, herausgenommen haben, also beobachtet haben, seitdem wissen wir, dass unsere Vorstellungen über die kernphysikalischen Vorgänge im Inneren eines solchen Sterns offenbar nicht verkehrt sein können.
Wieso rede ich ständig über die schwach wechselwirkenden Neutrinos? Das ist ganz einfach. Die Neutrinos kommen aus dem Zentrum des Sterns, und zwar direkt, die haben keine Wechselwirkung dazwischen. Das Licht, das wir von der Sonne sehen, was glauben Sie, was das Licht schon mitgemacht hat? Das ist seit einhunderttausend Jahren auf dem Weg zu uns!

Ja. Also erst mal, so ein Stern wie unsere Sonne hat einen Radius von 700.000 Kilometern. Damit können Sie nicht viel anfangen, ich auch nicht. Aber ich kann Ihnen sagen, wie lange Sie brauchen, wenn Sie mit einer Boing 747 oder mit einem Airbus um die Sonne herum fliegen. Sie brauchen zwei bis drei Monate, je nach dem. Um den Äquator brauchen Sie drei Monate.
Die Sonne ist also ein riesiger Gasball. Ihre Oberfläche ist 5.800 Grad Celsius heiß. Im Kern des Sterns ist es viel heißer. Logisch, da lastet ja der volle Druck des Gases drauf. Da herrschen sehr hohe Temperaturen, etliche Millionen Grad.
Bei der Fusion von Atomkernen entsteht auch keine Strahlung, die wir sehen können. Die Strahlung muss aus dem Kern des Sterns, aus dem Zentrum raus an die Oberfläche. Und das ist das Problem. Die hohe Gasdichte, die führt natürlich dazu, dass das Licht, also die Lichtquanten, die Lichtteilchen, - jetzt müssen wir ein bisschen hin und her wechseln zwischen Quantenmechanik und Astronomie - diese Lichtteilchen, die bewegen sich also aus dem Stern heraus. Sie bewegen sich aber nicht frei. Frei bewegen sich nur die Neutrinos, weil die keine elektromagnetische Wechselwirkung haben. Sie sind leichte Wechselwirker, schwache Wechselwirker.
Die elektromagnetische Strahlung aber stößt zum Beispiel mit Elektronen zusammen. Elektronen sind frei beweglich und relativ leicht im Vergleich zu den Protonen, fast
2.000 Mal leichter. Das heißt, die Photonen, also die Lichtteilchen, stoßen mit den Elektronen zusammen. Der Stoß führt dazu, dass das Licht Energie verliert, die Elektronen aber gewinnen Energie. Auf diese Art und Weise wird ein Druck aufgebaut: Der Strahlungsdruck. Dieser wirkt entgegen der Schwerkraft, die nach innen zieht, nach außen.
Der Stern ist also ein Gleichgewichtsgebilde zwischen dem Druck nach außen und der Schwerkraft nach innen. Der Druck wird aufgebaut durch den Fusionsreaktor im Inneren.

Da entsteht Gammastrahlung. Wir beobachten an der Oberfläche aber nur optisches Licht.
Jetzt braucht aber ein Photon vom Zentrum bis an die Oberfläche der Sonne mehrere Hunderttausend Jahre. Das heißt, das Licht, das wir jetzt sehen, das ist vor ein paar Hunderttausend Jahren im Inneren des Sterns entstanden.
Dass der Stern schon so lange lebt, hat damit zu tun, dass die Fusion im Inneren so unheimlich ineffizient ist. Nur ein Zusammenstoß von einer Trillion Zusammenstößen führt tatsächlich zur Verschmelzung. Deswegen ist die Lebensdauer der Sonne so lange. Die wird zehn Milliarden Jahre alt werden.
Wenn das Licht, dieses ineffiziente Licht, aus dem Kern des Sterns an die Oberfläche gekommen ist, dann können wir folgende Geschichte erzählen:
Ein Photon im Gelb-Grün-Bereich schießt innerhalb von acht Minuten auf den Planeten Erde. Der Abstand zwischen Erde und Sonne sind nämlich 150 Millionen Kilometer, das entspricht acht Lichtminuten. Dort auf der Erde trifft das Photon auf ein Kleeblatt, naturgemäß auf ein Kleeblatt einer vierblättrigen Variante, also ein Glückskleeblatt. Das Photon wird von dem Blatt in der Photosynthese verwandelt.
Sie wissen schon: Photosynthese, die Verwandlung von Sonnenlicht in Zuckermoleküle und Sauerstoff. Atmen Sie mal durch.
Dann kommt die Kuh „Elsa“ und frisst das Kleeblatt auf. Wann haben Sie zuletzt ein Steak gegessen? Das sind so die Zusammenhänge.
Aus dem Inneren der Sonne heraus, von der Gammastrahlung, die bei der Kernfusion entsteht, bis hin an die Oberfläche des Sterns. Ab da bewegt sich das Licht schlagartig, es ist jetzt ja 300.000 Kilometer pro Sekunde schnell. Das ist wirklich schlagartig. Das Licht braucht aber trotzdem acht Minuten bis zur Erde. Es erlaubt uns, auf diesem Planeten angenehm zu leben. Ein wahrhaft kosmischer Zusammenhang von Sternen und Kernen, das ist „des Pudels Kern.“

Das Leben und Sterben der Sterne

Das ist ein weites Feld. Man benutzt natürlich als Astrophysiker gerne solche Begriffe, „von der Geburt bis hin zum Tod." Das hat ja was Menschliches. Aber natürlich ist klar, dass so ein Stern nicht weiß, dass er geboren wird. Er hat auch keine Mutter und keinen Vater und wird auch nicht begraben. Aber es gibt durchaus einen Anfang, einen Beginn, und es gibt auch tatsächlich ein Ende.

Fangen wir mal an, am besten mit dem Anfang. Wie beginnt ein Stern zu leben? Es gibt eine Gaswolke, irgendwo im interstellaren Raum. Woher kommen so Gaswolken? Nun bei uns auf der Erde kommen Gaswolken, also Wasserwolken dadurch zustande, dass warme Luft aufsteigt. Dabei nimmt sie Luftfeuchtigkeit mit. Oben ist es kälter, also kondensiert das Wasser aus, und es bilden sich Wolken. Die Wolken auf der Erde wachsen von unten nach oben. Warum? Weil beim Kondensieren Wärme frei wird, nämlich Kondensationswärme. Dadurch wird weiter Luft nach oben gesogen, so entstehen die Wolken.

Im interstellaren Medium entstehen Wolken ganz anders. Eine Gaswolke fällt unter ihrem eigenen Gewicht zusammen. Das kann man sich gar nicht vorstellen. Aber stellen Sie sich das trotzdem mal vor: Da, wo Sie jetzt sind, würde sich das gesamte Gas, das um Sie herum ist, einfach zu einem kleinen Knubbel zusammenfinden, in irgendeiner Ecke des Zimmers. Das gibt es gar nicht. Das ist klar. Da draußen im Universum herrschen zwar die gleichen Naturgesetze wie bei uns, aber es herrschen völlig andere Umstände. Sehen wir uns diese Umstände mal genauer an.

Wenn eine Gaswolke hinreichend groß ist, also genügend Material versammelt hat, dann wird sie instabil. Und zwar dann, wenn der Druck, den die Gaswolke in ihrem Inneren hat, also die Temperatur, nicht zu hoch ist, wenn der Druck also hinreichend gering ist, dann fängt diese Gaswolke an zu kollabieren. Sie bricht unter ihrem eigenen Gewicht zusammen. Diese Gaswolken sind riesengroß, teilweise bis zu 100 Lichtjahre groß. Nicht die ganze Gaswolke kollabiert, aber ein Teil. Wo eben die Dichte hoch genug und die Temperatur niedrig genug ist. Wenn der Druck zu hoch wäre, würde das ganze Ding nicht kollabieren können.

In einer Gaswolke passiert es hier und da und dort, dass Gas unter seinem eigenen Gewicht zusammenbricht. Das ist sauber formuliert. Das nennt man einen Fragmentationsprozess.

Was passiert jetzt mit dem Gas? Das Gas drückt und drükkt und drückt und wird dabei natürlich heißer. Eine Gaswolke, die zu einem Stern werden soll, die muss es schaffen, dass die Energie, die durch die Kompression frei geworden ist, abtransportiert wird. Das passiert durch Strahlung. Deswegen strahlen diese Gaswolken meistens im infraroten Bereich des elektromagnetischen Spektrums eine ganze Menge Energie ab.

Die Gaswolke fällt immer weiter und weiter in sich zusammen bis in ihrem Inneren möglicher Weise eine neue Fragmentation beginnt. Das heißt, es bildet sich eine Unterwolke in dem Teil der Unterwolke aus, die fragmentiert. Denn Sterne entstehen nicht allein. Es entstehen fast immer Mehrfachsysteme, Doppelsterne oder Dreifachsysteme, zumindest aber Sternengruppen.

Jetzt sehen wir uns mal einen Punkt an, der zum Stern wird. Denn irgendwann wird der Stern tatsächlich geboren. Das ist der Fall, wenn die kritische Dichte überschritten ist, wenn endlich die Fusion zündet. Dann fängt im Inneren des Sterns die Wasserstoff-Fusion an und Wasserstoff verschmilzt zu Helium. Der Stern wird hell und beginnt, seine Umgebung frei zu blasen.

Es bläst auf einmal ein Plasmawind von seiner Oberfläche, weil der Stern sich dreht und Magnetfelder hat, so wie die Sonne auch. Diese so genannten „Sonnenwinde“ sind am Anfang 2.000 Kilometer pro Sekunde schnell. Die jungen Sterne blasen sich so frei. Und irgendwann, wenn das ganze Material, das noch von der Geburt des Sterns übrig ist, weggeblasen ist, sei es durch den Wind, oder sei es, dass es durch die Strahlung ionisiert wurde, dann auf einmal erscheint der Stern strahlend im sichtbaren Bereich des elektromagnetischen Spektrums. Vorher erschien er schon im infraroten Bereich, dann in einem roten Bereich und dann endlich im sichtbaren Bereich. Wunderbar. Das können wir alles beobachten. Deshalb kann ich darüber so salbadern. Wunderbar, wunderschön, das können wir alles beobachten. Wir kennen die ganzen Entwicklungsschritte.

Jetzt ist der Stern da. Und jetzt beginnt eigentlich die große Langeweile im Sternenleben. Das ist die stabilste Phase, die der Stern hat. Er verbrennt Wasserstoff zu Helium. Das kann je nach Sternengröße verschieden lange dauern. Es gibt Sterne wie unsere Sonne, das sind die Otto Normalverbraucher. Diese Sterne haben eine Sonnenmasse. Dann gibt es viele Sterne, die haben weniger Masse, ungefähr bis zu einem hundertstel Sonnenmasse. Und dann gibt es einige Sterne, die haben deutlich mehr Masse, bis zu 100 Sonnenmassen. Die Sonne liegt mitten drin. Nicht zu viel und doch zu wenig. So ungefähr.

Wie lange so ein Stern lebt, hängt von seiner Masse ab. Wenn der Stern schwer ist, dann ist natürlich der Schwerkraftdruck auf die inneren Gebiete, da wo die Fusionsprozesse stattfinden, viel größer als bei einem leichten Stern. Große Sterne verbrennen ihren Brennstoff wahnsinnig schnell. Die sind teilweise in wenigen Millionen Jahren ausgepowert. Während die leichten Sterne, die kleinen, bis zu 100 Milliarden Jahre alt werden.

Von den kleinen Sternen gibt es am meisten. Sie sind nicht besonders hell, aber dazu später mehr.

Jetzt reden wir über das Sterben. Die Sonne arbeitet seit viereinhalb Milliarden Jahren in der Wasserstoff-Fusion und wird noch weitere vier Milliarden Jahre in der Wasserstoff-Fusion bleiben. Jetzt wird's schneller, merken Sie es? Das ist auch bei den Sternen so. Denn was jetzt passiert, ist ei-

ne Krise. Der Stern kommt in die Krise. Denn irgendwann ist sein Wasserstoff im Inneren zu Helium verbraucht. Dann ist auf einmal die innere Energiequelle am Ende.
Die äußeren Hüllen sind aber noch da. Sie spüren natürlich, dass da von Innen nichts mehr kommt. Diese äußeren Hüllen drücken auf den Kern, machen ihn heißer und heißer, und irgendwann verschmilzt Helium miteinander. Es wird noch heißer. Die Heliumverschmelzung fängt an und führt zur Produktion von Sauerstoff, Kohlenstoff, Stickstoff und so weiter. Irgendwann ist auch das zu Ende. Aber bevor das zu Ende ist, muss ich Ihnen noch eine Geschichte erzählen.
Im Inneren wird also Helium verbrannt, zu Sauerstoff, zu Kohlenstoff und so weiter. Über dem Helium verbrennenden Kern hat sich eine Hülle gebildet, in der sich jetzt Wasserstoff zu Helium verbrennt. Und diese Wasserstoff-Helium-Verbrennungszone, die hat jetzt ein Problem. Die wird nämlich von unten geheizt, unter der Wasserstoffhülle verbrennt ja Helium zu Kohlenstoff und Sauerstoff. Die kann also ihre Energie nur nach oben abgeben. So bläht sich ein Stern wie unsere Sonne zu einem roten Riesen auf, bis dann im Inneren irgendwann das Helium zu Kohlenstoff und Sauerstoff verbrannt ist. Dann ist Feierabend. Dann ist Schluss.
Übrig bleibt ein kleiner Rest, der unter seinem Eigengewicht komplett zusammengebrochen ist, nämlich ein „Weißer Zwerg“. Der ist dann ein paar tausend Kilometer groß, hat praktisch Planetengröße, aber die Masse eines Sterns, also ordentlich viel.
Die Sonne hat 300.000 Mal mehr Masse als die Erde. Um die Verhältnisse klar zu machen: Der größte Planet, der Jupiter, hat 317 Erdmassen und ist doppelt so schwer wie alle anderen Planeten zusammen. Aber die Sonne hat 300.000 Erdmassen. Da können Sie sich vorstellen, wie so viel Masse, vielleicht eine halbe Sonnenmasse in einem Körper drin steckt, der nur ein paar tausend Kilometer groß ist. Das ist eine besonders wirre Form von Materie. Aber zu wirreren Formen von Materie kommen wir noch bei den ganz großen

Sternen. Da geht der Prozess nämlich noch weiter.
Erinnern Sie sich für einen winzigen Moment zurück an Ihre Schulzeit: Da gibt es das Periodensystem der Elemente. Das sagt uns, dass es noch viel mehr Elemente als Kohlenstoff und Sauerstoff gibt. Denken Sie an sich selber. Sie haben Eisen im Blut, Jod in der Schilddrüse, möglicher Weise Gold in den Zähnen. Wo kommen denn diese ganzen Elemente her? Im frühen Universum konnten die nicht entstehen. Da war ja nur Wasserstoff und Helium. Alle schwereren Elemente als Helium entstehen in den Sternen. Jetzt sind wir aber bei den kleinen Sternen in der Produktion gerade bis Sauerstoff und Stickstoff gekommen.
Alle weiteren Elemente, bis hin zum Eisen, werden in Sternen durch Kernfusion erzeugt. Allerdings in Sternen, die viel schwerer sind als die Sonne: 10, 20, 30, 40 Sonnenmassen. Und so gibt es praktisch in dem Stern eine Schale nach der anderen. Im Inneren wird immer die Höchsttemperatur-Fusion vollzogen, in der Schale darüber die nächst niedrige Temperatur und so weiter. So bildet sich eine Zwiebel aus. Und in jeder Schale werden jeweils besondere Elemente erzeugt.
Ganz draußen, in der äußersten Schale, wenn da was verschmilzt, ist es dann immer Wasserstoff zu Helium. Dann kommt die Kohlenstoff-Fusion, also Helium zu Kohlenstoff, dann wird der Kohlenstoff fusioniert, dann wird Silizium fusioniert, und so weiter und so fort. Und am Ende ist man bei Eisen angelangt. Warum bei Eisen? Nun, bei Eisen ist die Bindungsenergie der Kerne, der Kernbausteine, am höchsten.
Wenn man jetzt noch weitere Elemente aufbauen will, also größere Kerne als Eisen, kann man keine Energie mehr gewinnen. Im Stern funktioniert von alleine nur das, wobei Energie frei wird.
Aber jetzt, können Sie sich vorstellen, im Inneren eines Sterns ist der letzte Akt der Kernfusion vollzogen. Es ist Eisen entstanden, und die Energie-Erzeugung bricht ab.
Kleine Randbemerkung: Die ganzen Brennphasen werden

immer schneller und schneller und schneller. Während die Phasen der Wasserstoff-Fusion bei einem großen Stern Millionen Jahre dauert, wären die nächsten Phasen nur noch 100.000 Jahre, die wieder nächsten Phasen nur noch 1.000 Jahre und diese Eisenfusion dauert nur noch ein paar Minuten. Zack, zack, zack, ist es passiert. Der Stern beginnt also ganz langsam und wird immer schneller und schneller. Warum?

Weil die Temperatur im Inneren immer größer und größer wird. Je höher die Temperaturen sind, desto schneller werden auch die Fusionsreaktionen. Außerdem verliert der Stern wahnsinnig viel Energie, nicht durch Strahlung, sondern auch durch Neutrinos. Erinnern Sie sich noch an die Neutrinos, diese Schwachwechselwirker, die immer bei der Fusionsreaktion im Inneren eines Sterns entstehen? Die tragen Energie weg, noch und noch.

Aber ich will zurück zu dem Stern, der die letzte Fusionsphase in seinem Inneren hinter sich gebracht hat. Was passiert jetzt? Feierabend? Außerdem wissen Sie, dass es schwerere Elemente gibt als Eisen, zum Beispiel Gold.

Jetzt wird's hammerhart. Bei der Sonne gab es so ein rotes Riesenstadium, das war das Größte, zu dem sie sich aufblähen konnte. Bei einem großen Stern, der viel schwerer ist als die Sonne, passiert etwas ganz anderes.

Im Inneren haben wir diese Kugel aus Eisen. Es wird keine Energie mehr freigesetzt. Die äußeren Hüllen aus Silizium, aus Neon, aus Kohlenstoff, aus Sauerstoff, aus Helium und Wasserstoff fallen jetzt auf diesen nicht mehr Energie produzierenden Kern drauf: Zunächst ganz langsam, dann immer schwerer und schwerer und schneller und schneller. Und irgendwann knallen diese Hüllen praktisch auf diese Eisenkugel im Inneren und werden wie von einem Trampolin zurückgeschleudert. Während die einen zurückgeschleudert werden, fallen die anderen immer noch drauf. Können Sie sich vorstellen, was das los ist? Gegenverkehr in einem gerade kollabierenden Stern. Es werden Temperaturen von

Billionen Grad Celsius erreicht, unglaublich hohe Temperaturen.

Bei diesen hohen Temperaturen entstehen alle Elemente, die schwerer sind als Eisen, alle. Den Stern zerreißt es, komplett. Was übrig bleibt, ist eine kleine Kugel: 10 Kilometer vielleicht 20 Kilometer groß. In dieser kleinen Kugel sind 1,4 Sonnenmassen drin. Diese kleine Kugel ist der Überrest eines Sterns, der Millionen Kilometer groß war. Diese kleine Kugel heißt „Neutronenstern". Er ist der Rand der erkennbaren Wirklichkeit, die perverseste Form von Materie, die es überhaupt gibt. Denn was hier passiert, das kann man nur noch mit Quantenmechanik erklären. Das heißt mit anderen Worten, man kann es nicht mehr erklären. Hier schlagen die Gesetze der Quantenmechanik zu.
Eigentlich würde sich das Material bis zum geht nicht mehr zusammendrücken. Aber das geht auch nicht mehr. Nämlich genau dann, wenn sich Teilchen wie Elektronen oder Protonen oder Neutronen sehr, sehr nahe kommen, dann spüren sie auf einmal die Gegenwart des anderen Teilchens, und zwar dadurch, dass die Teilchen etwas haben, was man „Spin" nennt.
Da gibt es eine Regel von Wolfgang Pauli, dass quantenmechanische Teilchen sich niemals im gleichen Zustand befinden dürfen. Sie müssen sich mindestens durch eine Eigenschaft unterscheiden. Und so gibt es das so genannte „Pauli'sche Doppelbett." In einer Pauli Zelle dürfen zwei Teilchen rein und mehr nicht. Egal wir hoch die Temperatur ist. Materie kann nicht weiter zusammengepresst werden. Das führt dazu, dass die Elektronen und die Protonen in einer solchen Sternenleiche zu Neutronen werden. Eine 10 Kilometer große Kugel aus Neutronen bewegt sich durchs Weltall, da wo vorher ein hell strahlender Stern war. Natürlich ist es so, dass die Temperatur eines solchen Sterns davon abhängig ist, wie groß er war, wie schnell seine Kernfusionsprozesse abgelaufen sind.

Die Sonne hat eine Oberflächentemperatur von 5.800 Grad, ein großer Stern, ein richtig großer Stern von 20 bis 30 Sonnenmassen hat eine Oberflächentemperatur von 40.000 Grad. Der hat einen Wind geblasen, dass um ihn herum überhaupt nichts mehr übrig geblieben ist, nur noch eine einzige Leere. Und in Mitten einer solchen Leere bewegt sich nun ein winzig kleines Kügelchen von 10 Kilometern Größe. Und weil der Stern sich, bevor er zur Leiche wurde, gedreht hat, dreht sich auch dieser Neutronenstern. Und genau so wie sich Schlittschuhläufer, wenn sie ihre Arme anziehen, immer schneller drehen, so dreht sich auch dieser Kern des Sterns, dieser tote Stern-Kern viel, viel schneller je kleiner er ist.
Der Unterschied zwischen dem Anfangs-Sternenradius von einer Million Kilometer und dem Leichenradius von 10 Kilometern ist so gewaltig, dass man die Rotationsgeschwindigkeit leicht errechnen kann. Wenn sich der Ursprungskern in etwa 30 Tagen um seine eigene Achse bewegt hat, dann dreht sich ein Neutronenstern in einer Millisekunde. Der dreht sich also mit einer Periode von einer Millisekunde. Können Sie sich das vorstellen? Das ist der Wahnsinn.
Da dreht sich eine Masse von 1,4 Sonnenmassen mit einer Periode von einer Tausendstel Sekunde um sich selbst. Wenn der Ursprungsstern Magnetfelder gehabt hat - davon können Sie ausgehen - und dieses Magnetfeld mit in den Kern des Sterns hineingezogen worden ist, bewegt sich da ein rotierender Magnet mit einer ungeheuren Geschwindigkeit. Rotierende Magnetfelder bedeuten elektrische Felder. Von Neutronensternen sieht man eine pulsierende Strahlung. Die Neutronensterne sind der Rand der erkennbaren Wirklichkeit. Wenn der Neutronenstern mit seinen 10 Kilometern Größe ein bisschen größer, ein bisschen schwerer wäre, dann wäre er zum Schwarzen Loch geworden. Die letzte Form der Materie überhaupt. Nur von der erfährt man eben nichts. Jetzt sind wir praktisch auf dem Friedhof der Sterne angelangt. Angefangen von der Gaswolke, die sich

verdichtet, über einen Materie-Transformationsprozess, der einem Alchemisten wirklich alle Ehre machen würde: Die Verwandlung von Wasserstoff in Gold. Aber nicht nur Gold. Es geht natürlich noch darüber hinaus bis zum Uran. Dann ist irgendwann Feierabend. Dann gehen die Sterne einfach aus.
Die „Weißen Zwerge", die brauchen längere Zeit, bis sie endlich abgeschaltet sind, weil sie eine hohe Resttemperatur haben. So ein Neutronenstern zeigt sich noch für ein paar Millionen Jahre als „Pulsar," als pulsierendes Objekt, am Himmel. Und von Schwarzen Löchern sieht man gar nichts mehr.

Der große Kreislauf der Materie

Ich bin hier. Sie wissen, dass Sie da sind. Sie haben etwas um sich herum. Ich habe auch was um mich herum, die Welt um uns. Wenn wir das jetzt mal ganz nüchtern, also seriös betrachten, was wir so um uns herum haben, dann sehen wir, dass wir aus Atomen bestehen.
Wir haben wahnsinnig viel Sauerstoff in uns. Warum? Wegen des Wassers. Wasser ist H_2O. Das heißt, wir haben Wasserstoff und Sauerstoff, aber vor allen Dingen viel Sauerstoff.
Dann haben wir Kohlenstoff. Wir bestehen aus Kohlenstoffverbindungen, um genau zu sein, aus Kohlen-Wasserstoff-Verbindungen. Weiter gibt es den Stickstoff. Wir atmen Sauerstoff und Stickstoff ein. Der Sauerstoff verbindet sich mit dem Blut. In unseren Zähnen wird Fluor verarbeitet. In unserem Blut ist Eisen. Wir haben Spurenelemente wie Zink und Selen in uns, und so weiter und so fort.
Wenn Sie sich mit einem Kosmologen unterhalten, der sich mit den ersten drei Minuten des Universums beschäftigt, der wird Ihnen sagen: Es gibt gar keine Atome außer Wasserstoff und Helium. Das ist natürlich Blödsinn, weil er selber besteht aus den gleichen Atomen wie Sie. Aber wenn er

ganz borniert ist, wird er sagen, es gibt keine anderen Atome. Alle anderen Atome kommen erst viel, viel später. Alle anderen Elemente, die schwerer sind als Helium, die werden erst viel, viel später in den Sternen erzeugt.
Ungefähr 20 Millionen Jahre nach dem Anfang des Universums gab es die ersten Sterne. Sie begannen sofort mit dem großen Transformationsprozess der Materie, nämlich aus Wasserstoff und Helium, zumindest partiell, andere Elemente zu bilden.
Im Grunde genommen sind Wasserstoff und Helium heute noch die häufigsten Elemente im Universum. Aber immerhin, es gibt auch schwerere Elemente. Dieser Anteil der schwereren Elemente wurde immer größer und größer. Mit den Sternen begann nämlich der große Kreislauf der Materie.
Das ist eine wunderbare Geschichte. Einer meiner Lieblingsgeschichten. Denn der Kosmos hat ganz direkt etwas mit uns zu tun. Wir bestehen zu 92 Prozent aus Sternenstaub. Das finde ich immer wieder toll. Unsere Atome haben sich schon irgendwo einmal gesehen. Das ist der Wahnsinn. Wie geschieht das?
Es gibt verschiedene Brennstufen in den Sternen. Je nach der Masse eines Sterns wird eine ganz bestimmte Brennstufe erreicht. Die ganz großen Sterne können sogar die letzte Brennstufe erreichen, also Eisen und Elemente darüber hinaus erzeugen. Das geschieht durch Supernovae Explosionen.
Eine Supernova ist eine Explosion im wahrsten Sinne des Wortes. Das heißt, da fliegt etwas komplett auseinander, teilweise mit Geschwindigkeiten von bis zu 10.000 Kilometern pro Sekunde. Materie von einem sterbenden Stern ins Universum hinausgeschossen, in das so genannte „interstellare Medium“, also in das Medium zwischen den Sternen.
So ein großer Stern war ein heißer Stern, der um sich herum schon als lebender, als strahlender Stern ein großes Gebiet

freigeblasen hat, sei es durch den Wind, den Gaswind oder durch die Strahlung.
Diese Hüllen können sich zunächst völlig frei bewegen. Die haben natürlich eine ungeheure Energie, eine wahnsinnige Power, mit der sie ihre Elementfracht ins Universum hinaus jagen. Aber irgendwann ist natürlich auch für sie „Matthäi am Letzten," denn dann wird der Druck des interstellaren Mediums vergleichbar mit dem Druck der Strömung der Explosion. Dann werden die Hüllen abgebremst und vermischen sich mit dem Gas, was schon da war, Wasserstoff und Helium.
So drücken die Supernovae in ihrer unmittelbaren Umgebung, sagen wir mal, im Bereich von 100 bis 200 Lichtjahren, die chemischen Elemente, die sie erbrütet haben, ins interstellare Medium zurück.
Das passiert nicht nur durch Supernovae. Es gibt auch andere Phänomene, wie Sternewinde, wo ein Teil der produzierten Elemente ins Universum zurück gedrückt wird, natürlich nicht so intensiv wie bei einer Supernova. Die Supernova Explosion ist der Injektor. Aber wie kommt der Materiekreislauf zustande?
Jetzt müssen Sie sich Folgendes überlegen: Eine Scheibengalaxie wie unsere Milchstraße. Die Sterne sind im Wesentlichen in einer Ebene konzentriert, so wie in unserem Sonnensystem alle Körper in einer Ebene konzentriert sind. In dieser Ebene entstehen die Sterne, und da vergehen sie natürlich auch. Es gibt dort Supernovae Explosionen, vor allem in den Spiralarmen.
In den Spiralarmen wird das Gas verdichtet, da entstehen Sterne, große Sterne. Große Sterne leben nur ganz kurz, teilweise nur wenige Millionen Jahre. Das heißt, sie bewegen sich von ihrem Ursprungsort nur ganz wenig fort. Deswegen findet man die meisten Supernovae Explosionen tatsächlich innerhalb der Spiralarme.
Fassen wir zusammen: Große Sterne leben nur ganz kurz, bleiben praktisch da, wo sie geboren wurden. Dann explo-

dieren sie. Meistens sind solche Sterne in Sternengruppen entstanden. In diesen entstehen zwei, drei, vier, fünf, manchmal auch zehn oder zwölf Sterne.
Was jetzt passiert hängt von der Lage der Sterne zu der galaktischen Scheibe ab. Wenn diese Sterne relativ weit oben in der Scheibe stehen, dann werden sie durch ihre Explosion nicht nur ihre unmittelbar Umgebung in der Scheibe beeinflussen, sondern das Gas spürt, wenn es aus der Scheibe austritt, dass der Druck oberhalb der Scheibe geringer ist. Was bedeutet das für die Geschwindigkeit? Das Gas wird schneller. Das heißt, dieses Gas, das bei der Supernova Explosion freigesetzt wird, wenn der Stern explodiert, beschleunigt und jagt in den Halo der Milchstraße, in die Atmosphäre über beziehungsweise unter der Milchstraße.
Dieses Material ist übrigens heiß. Supernova Überreste sind sehr heiß, bis zu 60 Millionen Grad Celsius. Das ist auch kein Wunder. Bei den hohen Energien, die da auftreten, gibt es natürlich auch hohe Temperaturen. Hohe Temperaturen wiederum bedeuten im Fall der Strahlung, dass dann auch sehr hohe energetische Strahlung abgegeben wird, Röntgenstrahlung zum Beispiel. So kann man Supernova Überreste im interstellaren Medium prima finden.
Bereiche, die sehr heiß sind, sind meistens Supernova Überreste. So ist es natürlich auch mit dem Gas, das aus der galaktischen Scheibe heraus kommt. Das ist zunächst heiß. Was macht heißes Gas? Es steigt auf. Das ist heiße Luft und die steigt auf. Genau so ist es mit den Gasen bei der Supernova Explosion.
Aber denken Sie daran, dass diese Gase angereichert sind mit diesen schweren Elementen. Das heißt, die schweren Elemente steigen auf, weil es so heiß ist. Dann kühlen sie sich ab und fallen irgendwo wieder herunter. Weil das durchaus eine Weile dauert, ein paar Hunderttausend bis zu einer Million Jahre, hat sich die galaktische Scheibe unter dieser Atmosphäre weiter gedreht. So fallen diese schweren Elemente irgendwo anders herunter, als da wo sie aufgestiegen

sind. Das ist die großräumig wirkende, die so genannte „Galaktische Fontäne“: Material wird durch eine Sternenexplosion in die Atmosphäre der Milchstraße hochgehoben, fällt wieder herunter und wird irgendwo anders in der galaktischen Gaswolke eingebaut.
Aber auch in unmittelbarer Nähe der Supernova Explosion passiert dieser gewaltige Materiekreislauf. Nach der Explosion rasen die Hüllen mit einer Geschwindigkeit von 10.000 Kilometern pro Sekunde durch den interstellaren Raum. Das ist dramatisch. 10.000 Kilometer pro Sekunde, das ist eine ungeheure Geschwindigkeit, nicht so schnell wie Licht - 300.000 Kilometer pro Sekunde - aber doch sehr schnell. 10.000 Kilometer pro Sekunde, das ist vor allen Dingen im interstellaren Medium eine Überschallströmung.
Überschall kennen Sie. Die Schallgeschwindigkeit auf der Erde beträgt 330 Meter pro Sekunde. Da gab es mal die „Concorde“. Die hat „Mach 2“ geflogen, also doppelte Schallgeschwindigkeit.
Bei den Strömungen der Supernova Explosion haben wir die 100fache Schallgeschwindigkeit. Ein Hammer. Wirklich, ein tierischer Hammer. Was bedeutet dieser tierische Hammer? Entschuldigung, aber anders kann man es ja nicht formulieren. Stoßwelle ist Stoßwelle. Es ist eine Schockwelle. Das was wir hier auf der Erde kennen, wenn ein Flugzeug durch die Schallmauer geht, ist ein Riesenknall. Bei „Mach 100“ wird es ein noch gewaltigerer Knall sein. Den hört natürlich da draußen keiner. Es ist ja kein Medium da, keine nennenswertes, das Schall tragen kann. Aber was macht dieser Knall? Er drückt. Eine „Mach 100“- Bewegung führt zu einer unglaublichen Verdichtung. Es ist ein Verdichtungsstoß. Das heißt, diese Hüllen rammen, in irgendeine Umgebung. Egal wie sie aussieht.
Wir haben also Sterne, die relativ nahe an ihrem Geburtsort sind, weil sie so groß sind und so schnell gestorben sind. Was war denn das für ein Geburtsort, wenn ich mal fragen darf? Natürlich eine Gaswolke. Zwar haben die Sterne in ih-

rer unmittelbaren Umgebung eine Blase, einen Hohlraum leergeblasen. Aber in ihrer mittelbaren Umgebung muss ja noch eine Gaswolke sein. Irgendwo, ein bisschen weiter weg muss die Gaswolke noch existieren. Es ist ja noch nicht so lange her, dass diese Sterne entstanden sind. Und genau auf eine solche Gaswolke brettert jetzt ein Verdichtungsstoß mit einer Geschwindigkeit von 10.000 Kilometern pro Sekunde, ein Verdichtungsstoß, angefüllt mit schweren Elementen: Mit Sauerstoff, mit Stickstoff, mit Fluor, mit Jod, Eisen, Silizium, alles drin.
Was passiert dann in dieser Wolke? Ein Verdichtungsstoß mit 10.000 Kilometern pro Sekunde, das ist ein Hammer, ein Verdichtungshammer. Wie der Name schon sagt, er verdichtet. Verdichtetes Gas aber hat die Fähigkeit, schneller und intensiver zu strahlen. Warum? Weil die Gasteilchen, ob es jetzt Moleküle sind oder Atome, häufiger aufeinander stoßen, dabei wird Energie umgesetzt. Verdichtung führt dazu, dass das Gas schneller strahlt. Strahlung bedeutet Energieverlust. Die Energie ist weg. Das bedeutet, die Temperatur, die möglicher Weise durch den Verdichtungsstoß in dem Gas angewachsen ist, wird wieder geringer.
Ein Verdichtungsstoß führt dazu, dass die Bedingungen für neue Sternentstehungen verbessert werden, weil die Dichte so hoch getrieben wird, dass die Strahlung sofort wahnsinnig viel Energie abtransportiert. Auf einmal gibt es in der Gaswolke, die eigentlich noch gar nicht kollabiert wäre, die sozusagen marginal stabil war, eine Induktion. Die Supernova induziert also die Sternentstehung in einer Gaswolke, und zwar durch die Hüllen, die sie selber abgeschossen hat, Hüllen, angefüllt mit schweren Elementen. Diese Hüllen werden in eine Gaswolke hineingepresst, erzeugen eine Verdichtung. Diese Verdichtung führt dazu, dass eine neue Generation von Sternen entsteht, die ihrerseits wiederum anfängt, den Materiekreislauf erneut zu durchlaufen.
Und genau so sind auch Sie entstanden, also die Atome, aus denen Sie bestehen.

Der Vorläufer des Sonnensystems war ein Stern, der möglicher Weise 20 Mal so schwer war wie die Sonne. 85 Prozent der schweren Elemente im Sonnensystem stammen von einem Stern. Unsere Atome haben sich wirklich schon einmal gesehen.
Die Sonne gehört bereits zur dritten Generation, möglicher Weise zur vierten Generation von Sternen. Damit es überhaupt zu irgendetwas jenseits von Gaswolken und Gasbällen kommen konnte, musste dieser gewaltige Materiekreislauf in unserer Milchstraße, wie in allen anderen Galaxien natürlich auch, durchlaufen werden. Nur so konnten schwere Elemente zustande kommen. Sonst würde alles nur aus Wasserstoff und Helium bestehen. Ich meine, dann würden wir nicht darüber reden. Dann würde es uns nicht geben.
Voraussetzung für unser Dasein ist ja gerade die Bindungsfähigkeit von Kohlenstoff. Und Kohlenstoff entsteht im Inneren eines Sterns, wenn er anfängt, Helium zu produzieren.
Voraussetzung für unsere Existenz ist zum Beispiel Eisen. Eisen entsteht nur dann, wenn ein Stern bis ans Ende seiner Möglichkeiten gegangen ist, nämlich an die Fusion von Silizium. Alles was uns an materiellen Bestandteilen ausmacht ist das Resultat einer gewaltigen kosmischen Entwikklung. Und daran sind alle beteiligt. Alle Sterne in der Milchstraße, die irgendwie was abzugeben haben, waren daran beteiligt, das Material zusammen zu stellen, aus dem wir bestehen. Die Grundlage unseres Daseins ist die Großzügigkeit des Universums. Und in diesem Fall die besondere Großzügigkeit der großen Sterne.

Von Scheiben und Kugeln

Das war ja bis jetzt alles ganz einfach. Das Universum ist entstanden, Galaxien sind entstanden, Sterne sind entstanden. Das ist alles relativ einfach. Weil man es eigentlich nur mit einer Sorte Material zu tun hat. Das Universum natürlich selbst nicht. Das ist eine andere Geschichte. Aber im Prin-

zip ist der Rest Gasphysik. Gase, die unter ihrem eigenen Gewicht zusammenfallen, wieder explodieren, zusammenfallen und so weiter und so fort. Das ist relativ klar. Sterne sind Gasbälle. Große Gasbälle, das ist keine Frage. Im Inneren spielen sich merkwürdige Dinge ab: Kernphysik.
Planeten sind viel komplizierter. Ich meine, die Planeten, die wir kennen. Das sind die Planeten des Sonnensystems. Merkur, der nächste zur Sonne, dann Venus, Nachbarin der Erde, dann die Erde, dann kommt der Mars, dann der Jupiter, Saturn, Uranus und Neptun. Der äußerste, Pluto, der ist ja jetzt kein Planet mehr, der ist ein Zwergplanet. Obwohl ich nicht zu der Fraktion derer gehöre, die das sagen. Pluto ist für mich nach wie vor ein Planet. Das ist aber ein anderes Thema.
Wir kennen Planeten aus unserem Sonnensystem. Wir kennen Planeten verschiedener Art. Es gibt die so genannten erdähnlichen Planeten, also Merkur, Venus, Erde, Mars. Es gibt die Gasplaneten, Jupiter und Saturn. Und draußen gibt es noch Eisplaneten, Uranus und Neptun, die sind aber tendenziell eher Gasplaneten.
Gibt es noch andere Planetensysteme um andere Sterne herum? Also haben andere Sterne auch Begleiter? Das können wir heute bejahen. 1995 begann diese Geschichte. Wir kennen heute etwa 160 Systeme, die Planeten haben, extrasolare Planeten. Also es gibt noch andere Planetensysteme.
Wie entsteht ein Planetensystem, wie entstehen eigentlich diese unterschiedlichen Planetenarten? Und wie sehen die Planetensysteme der anderen Sterne aus?
Zunächst einmal ist ein Planetensystem im Grunde genommen ganz einfach erklärt. Das muss sich einfach bilden, es muss einfach eine Scheibe entstehen. Planetensysteme bilden sich immer um Sterne herum, selten um Doppelsterne, obwohl es auch dort möglich ist. Aber meistens ist es ein Stern, und um diesen Stern herum muss sich eine Gas- und Staubscheibe bilden.

Warum eine Scheibe? Ganz einfach, weil sich alles dreht. Das Material fällt in der Äquatorialebene des Sterns zusammen. Gerade in seiner Mitte sammelt sich das Material an, das Gas- und Staubmaterial. Daraus bilden sich die Planeten. So muss es sein. Und in der Tat ist es so, dass man um sehr, sehr viele Sterne, um junge Sterne herum, Gas- und Staubscheiben sieht.
Wie sieht man denn den Staub? Der ist doch dunkel?
Man sieht ihn gerade deswegen, weil er so dunkel ist. Er absorbiert nämlich das Licht der Sterne. Auf diese Art und Weise kann man sogar aus der Absorption, aus der Aufnahme von elektromagnetischer Strahlung, auf die Geschwindigkeitsmuster schließen. Man weiß also tatsächlich: Diese Scheiben drehen sich um die Sterne, und zwar genau so, wie erwartet. Genau so, wie Planeten sich um die Sonne drehen: Nach der Keplerrotation.
Wenn der Stern dann einmal anfängt zu strahlen, dann verschwindet diese Gas- und Staubscheibe natürlich schnell. Der Strahlungsdruck und die Winde blasen die Gasscheibe einfach weg. Es bleibt also nicht viel Zeit für die Bildung von Planeten. Es muss sich vorher in der Gas- und Staubscheibe schon etwas bilden.
Was genau passiert da? Zunächst einmal etwas ganz Einfaches: Material klebt zusammen, stößt zusammen, die Staubteilchen stoßen zusammen und bleiben aneinander hängen. Dadurch bilden sich Brocken. Die Brocken sind schwerer als die kleinen Staubkörnchen, das heißt, die Brocken ziehen die kleinen Staubkörnchen an sich heran. Dann wachsen und wachsen die Brocken, immer mehr von den großen Brocken stoßen zusammen. Auf diese Art und Weise, denkt man, entstehen erdähnliche Planeten, zusammengebaut aus Felsmaterial.
Ein Brocken knallt auf den anderen: Sehen Sie das Problem? Wenn diese Brocken mit hoher Geschwindigkeit aufeinander donnern, dann bleiben die doch nicht aneinander kleben? Nie im Leben, die platzten doch wieder. Das genau

ist das Problem. Irgendetwas muss passieren, damit diese Brokken eben nicht mit voller Gewalt aufeinander knallen und sich dabei wieder zerstören, sondern dass sie sich sozusagen überholen, mit einer Geschwindigkeit, die ein bisschen höher ist als die der anderen, dann können sie aneinander hängen bleiben, aber nur dann.

Das erklärt, warum sich auf einmal ein Brocken, obwohl er ursprünglich aus zweien besteht, in einer bestimmten Richtung um den Stern herum bewegt. Weil nur solche Überholstöße mit relativ geringen Geschwindigkeitsdifferenzen dazu führen, dass zwei Brocken, drei Brocken, vier Brocken aneinander kleben bleiben.

Sie bleiben aneinander kleben, weil sie blutflüssig sind. Sie sind deshalb blutflüssig, weil der Einschlag von Material sie langsam aber sicher immer weiter erhitzt. Die Bewegungsenergie der Einschläge muss ja irgendwo hin. Was bleibt dem Material anderes übrig. Weil es Gestein ist, wird es flüssig.

Das erklärt, warum sich Planeten in einer bestimmten Richtung um einen Stern drehen, weil sie letztlich nicht aus Frontalzusammenstößen zusammengebaut worden sind, sondern weil sie bis zu einer gewissen Größe aus Überholstößen, also aus Gleitungen, aus aneinander Vorbeigleiten und aneinander Kleben bleiben entstanden sind.

Später, wenn sie eine gewisse Größe haben und von irgendeinem kleinen Brocken frontal getroffen werden, macht es ihnen nichts mehr aus. So also entstehen Felsenplaneten. Das dauert eine ganze Weile, aber irgendwann ist die Sache gelaufen. Dann kann der Stern auch ruhig anfangen zu blasen. Diese großen Felsen werden natürlich nicht mehr von dem Stern kaputt geblasen, weder von der Strahlung noch von den Gaswinden.

Aber die Gasplaneten, wie entstehen die?

In einer Gas- und Staubscheibe findet sich umso weniger Gas, je näher man dem Stern kommt. Denn es wird ja immer heißer, und das Gas wird verschwinden, wenn es heiß wird.

Es wird einfach verdampfen, einfach aus dem Gravitationsfeld des Sterns verschwinden. Gasplaneten können also eigentlich nur weit draußen, in großen Entfernungen von den Sternen entstehen.
Aber wie kommt so ein Riesenplanet zustande?
Jupiter hat immerhin doppelt so viel Masse, wie alle anderen Planeten zusammen, und nur wenig davon, vielleicht 10 oder 15 Erdmassen, sind Felsen. Der Rest, über 300 Erdmassen, sind Gas, im Wesentlichen Wasserstoff und Helium. Wie kommt das?
Jetzt will ich Ihnen etwas verraten. Alle Planeten um andere Sterne, von denen wir wissen, sind Gasplaneten. Wir können nämlich mit unserer Methode der Planetensuche nur Planeten finden, die schwer sind. Warum? Das liegt daran, dass die Störung, die ein Planet an einem Stern verursacht, natürlich davon abhängt, wie schwer der Planet ist, und wie nah er dem Stern steht. Deswegen sind die Schwankungen, die man im Spektrum beobachtet und die darauf schließen lassen, dass ein Stern von einem Planeten umkreist wird, natürlich umso größer, je schwerer ein Planet ist, und je näher er am Stern ist. Deswegen ist es keine Wunder, dass wir bis heute nur Planetensysteme entdeckt haben, in denen sehr schwere Planeten existieren.
Aber, jetzt kommt es. Diese schweren Planeten, die sind auch noch sehr, sehr nahe an ihrer Sonne dran und zwar innerhalb der Merkurbahn. Wir haben zum Beispiel Systeme, da ist ein Brocken wie der Jupiter, der braucht nur vier Tage, um seinen Stern zu umkreisen. Der ist 23 Lichtsekunden von seinem Stern entfernt. Das ist gar nichts. Die Erde ist acht Lichtminuten von der Sonne entfernt. Jupiter ist fünfmal so weit von der Sonne entfernt wie die Erde, also 40 Lichtminuten. In diesem anderen System rasen die Gasplaneten innen drin herum. Wie kommen die da hin? Wie können die Gasplaneten da entstehen?
Die Gasplaneten müssen, da sind wir uns völlig einig, entstehen, weil ein Felsenkern da draußen entstanden ist, so

wie ein erdähnlicher Planet. Dieser Felsenkern hat dann in relativ kurzer Zeit sehr viel Gas angesammelt. Das muss wahnsinnig schnell gehen. Wenn das zu lange dauert, dann hat der Stern mit seiner Strahlung schon angefangen, die Gasscheiben wegzublasen. Die Entstehung der Gasplaneten da draußen ist ein echtes Vabanquespiel.
Jetzt haben wir diesen Stern. Der Stern fängt an zu strahlen und da draußen entsteht der Gasplanet. Weil das sehr schnell gehen muss, kann er praktisch nur durch Akkretion entstehen. Um den Felsen herum ist eine neue Gasscheibe entstanden. So sind zum Beispiel auch die Monde um den Jupiter entstanden.
Um den Gasplaneten herum muss das Gas sehr schnell aufgenommen werden. Das erklärt aber nicht, wie der von da draußen in die enge Umlaufbahn hereingekommen ist. Wenn der Gasplanet draußen entstehen muss, also in großer Entfernung von seinem Stern, wie kommt der dann nach innen? Bei den extrasolaren Planetensystemen sind diese großen Planeten ja innen. Ganz einfach, sie wandern. Sie sind Emigranten.
Sterne, die zu einem solchen System gehören, können mit ihrer Strahlung noch nicht so früh losgeschlagen haben. Die Gasplaneten haben sich so früh gebildet, dass sie sich während ihrer Entstehung immer wieder und wieder bei der Umdrehung um den sich gerade bildenden Stern an der Gas- und Staubscheibe gerieben haben. Die Reibung hat dazu geführt, dass sie ihren Bahndrehimpuls verlieren. Durch diesen Verlust an Drehenergie wandern sie langsam aber sicher nach innen, in Richtung Stern. Die Migrationbewegung hört da auf, wo die Gasscheibe zu Ende ist. Wo ist sie zu Ende? Das hängt natürlich davon ab, welchen Entwicklungszustand der Stern gerade hat. Wenn der Stern früh genug anfängt zu blasen, dann fräst seine Strahlung praktisch diese Gasscheibe von innen ab. Von außen kommt der migrierende Großplanet, und von innen fräst die Strahlung des Sterns die Gasscheibe weg. Wo die Gasscheibe zu Ende ist, bleibt

der migrierende Planet sozusagen stehen und dreht sich für den Rest seines Lebens um den Stern. Das ist Wahnsinn. Das ist echt dramatisch.
In unserem Sonnensystem muss es so gewesen sein, dass die Sonne die Gasscheibe fünf Astronomische Einheiten weggeblasen hat. Eine Astronomische Einheit ist der Abstand Erde - Sonne. Der Abstand Jupiter - Sonne sind fünf Astronomische Einheiten. Nach diesem Modell hat die Sonne mit ihrer Strahlung und ihrem Sonnenwind die Gasscheibe von innen abgefräst.
Jupiter kam von außen und hat sich dann auf einer fast Kreisbahn genau an diesem Radius festgesetzt. Wenn Jupiter weiter nach innen gelaufen wäre, dann würden wir überhaupt nicht darüber reden. Es würde uns nämlich nicht geben, denn die Bewegung von Massen führt dazu, dass sie andere Massen beeinflussen, so sie vorhanden sind, zum Beispiel kleinere Planeten. Und Sie wissen ja, die Erde ist viel, viel schwächer als der Jupiter. Wenn sich eine Masse wie der Jupiter auf den Weg macht und durch das Sonnensystem von außen nach innen wandert, radial nach innen, dann würden die ganzen Kleinstplaneten aus ihren Bahnen geworfen werden. Wenn das tatsächlich so gewesen wäre, würden alle kleinen Planeten aus ihren Bahnen geworfen. Die würden so stark beeinflusst werden, dass die Erde entweder auf die Sonne fällt oder aus dem Sonnensystem herausgeschleudert würde. Oder Merkur und Venus würden zusammenstoßen.
Die Bewegung von solchen Riesenplaneten in Querrichtung zur Rotation aller anderen Planeten würde sofort dazu führen, dass das Planetensystem dramatisch instabil wird. Dass der Jupiter da draußen bei fünf Astronomischen Einheiten gestoppt worden ist, das ist schon ein Ding. Jetzt kommt's: Ohne den Jupiter würde es auf unserem Planeten sehr unangenehm sein.
Der Jupiter mit seiner gewaltigen Schwerkraft, sie ist immerhin doppelt so schwer wie die von allen anderen Planeten

zusammen, das ist ein Staubsauger. Eindringlinge von weit draußen, da gibt es ja immer noch Überreste von Felsbrokken, werden von der Schwerkraft des Jupiters abgefangen. Es gibt auch ein paar, die er nach innen, in das Sonnensystem hineinleitet. Die meisten aber fängt er ab. Er sammelt sie sozusagen um sich herum. Ohne den Planeten Jupiter im Sonnensystem würde auf unserer Erde alle 100.000 bis 200.000 Jahre ein ein- bis zehn Kilometer großer Brocken einschlagen.
Der Jupiter ist ein Schutz für die inneren Planeten.
Ein Schutz, das muss man sich mal in aller Ruhe überlegen. Ich meine, was passiert, wenn so ein Brocken einschlägt? Das kennen wir aus der Geschichte. Der Einschlag vor 65 Millionen Jahren war dramatisch. Die Saurier haben es nicht überstanden, und wir würden so etwas wahrscheinlich auch nur in ganz kleinen Gruppen überleben. Sicherlich nicht in einer zivilisierten und technischen Welt, auf keinen Fall.
Zurück zu unserem Planetensystem. Nun, die extrasolaren Planetensysteme, die wir bis jetzt beobachtet haben, zeigen besondere Eigenschaften.
Interessant ist die Tatsache, dass man Planetensysteme nur um Sterne herum findet, die mindestens soviel schwere Elemente besitzen wie die Sonne.
Wenn man bedenkt, dass der Materiekreislauf im Laufe der Jahr Milliarden in der Milchstraße erst einmal genügend schwere Elemente in die Gaswolke hinein pressen musste, damit es überhaupt zu Felsenplaneten kommen kann, dann könnte man weiter überlegen, dass die Bewohner des Planeten Erde möglicher Weise zu den ersten intelligenten Lebewesen in der Milchstraße gehören. Vorher konnten offenbar noch keine Planeten entstehen. Da gab es nicht genügend schwere Elemente.
Wenn sich die Beobachtungen bestätigen - der Trend scheint sich zumindest zu bestätigen - dass Planeten nur um Sterne herum entstehen können, die quasi so alt sind wie die Sonne, aber kaum älter, dann würden wir zu den ersten

Bewohnern, den ersten intelligenten Bewohnern in der Milchstraße gehören.
Die Entstehung von Planeten, die Entstehung von erdähnlichen Planeten, die Entstehung von Gasplaneten und der große Materiekreislauf in der Milchstraße hängen unmittelbar zusammen. Ohne diesen Materiekreislauf würde es keine Planeten geben.
Es ist interessant, sich noch einmal anzuschauen, wie man diese Prozesse tatsächlich einzuordnen hat. Wir haben aus Gaswolken Galaxien entstehen lassen. Wir haben Sterne aus Gaswolken entstehen lassen. Jetzt haben wir Planeten aus Gasscheiben entstehen lassen.
Auf den Planeten hat sich eine merkwürdige Transformation von Materie aufgetan. Auf unserem Planten passierte das vor vier Milliarden Jahren, nämlich die Transformation von toter Materie in lebendige Materie. Es scheint so zu sein, als ob die gesamte Geschichte des Kosmos eine gewaltige Entfaltung des Seins ist. Aus einem sehr gleichmäßigen Anfangszustand, wo im Grunde genommen nichts abzulesen war, hat sich im Laufe der Jahr Milliarden eine Hierarchie ergeben:
Zunächst einmal Galaxien, dann Sterne in den Galaxien. Wieder später dann, vielleicht vor vier oder fünf Milliarden Jahren, haben sich um manche Sterne herum Planeten und vielleicht auch auf den einen oder anderen Planeten tatsächlich auch Lebewesen entwickelt. Und vielleicht haben sich auf den einen oder anderen Planeten mit den Lebewesen sogar Lebewesen entwickelt, die darüber nachdenken, in was für einem wahnsinnigen Universum sie eigentlich leben.
In diesem Sinne ist das, was wir tun, wenn wir Astronomie betreiben, eigentlich eine Art von Selbstgespräch. Das Universum spricht mit sich selbst.